像一无所有那样去努力

白微·编著

图书在版编目（CIP）数据

像一无所有那样去努力/白薇编著. —— 北京：北京联合出版公司, 2016.9
ISBN 978-7-5502-8385-5

Ⅰ.①像… Ⅱ.①白… Ⅲ.①人生哲学-通俗读物Ⅳ.①B821-49

中国版本图书馆CIP数据核字(2016)第192935号

像一无所有那样去努力

编　　著：白　薇
责任编辑：李　伟
封面设计：格·創研社 SQUARE Design BOOK QQ:418808878

北京联合出版公司出版
（北京市西城区德外大街83号楼9层 100088）
北京联合天畅发行公司发行
北京京都六环印刷厂印刷 新华书店经销
字数150千字　880mm×1230mm　1/32　8.5印张
2016年9月第1版　2016年9月第1次印刷
ISBN 978-7-5502-8385-5
定价：29.80元

未经许可，不得以任何方式复制或抄袭本书部分或全部内容。
版权所有，侵权必究。
本书若有质量问题，请与本公司图书销售中心联系调换。
电话：（010）64243832

× 除了 ___，

○ 我一无所有。

WE HAVE BEEN WORKING HARD

目录
CONTENTS

PART 1 有些事现在不做，一辈子都没机会做了

大胆做梦，实现梦想　003
别在等待中搁浅了梦想　007
世界那么大，出发吧　010
做自己真正感兴趣的事　014
找到自己身上的闪光点　017
让兴趣给你生活的激情　021

PART 2 抱怨身处黑暗，不如提灯前行

工作也是一种幸福　027
工作热情是生活的欢乐曲　030
有才华的你也要有责任感　034
做一个不可替代的专家　037
调整工作态度和心态　043
理智跳槽　049

目 录 CONTENTS

PART 3 不积跬步，无以至千里

用最高标准要求自己　057

紧盯脚下路，做好每件小事　061

做一个生活的信息捕捉者　065

小细节造就完美　069

万事多留心，拒绝被陷害　072

留心细节，做生活的有心人　075

PART 4 会说话的人，一句就能顶一百句

请积极地赞美别人吧　083

女孩子的幽默是一种高雅的风度　087

做一个用心的倾听者　091

短暂的口舌胜利，真的很幼稚　094

准确地说出对方的名字　098

清者自清，浊者自浊　102

说话做事要有度、有分寸　106

目录 CONTENTS

PART 5 我们穿戴是为了生话，你的气质源于他处

我到底适合穿什么？ 113
人生若只如初见？ 115
香水是征服的"软"力量 118
微笑充满着魔力 121
办公室不是私人花园 123
气质是女人的经典品牌 127
时间再无情，也削不去"书女"的风姿 131

PART 6 世间诸般不美好，均可温柔相待

有人骂也是幸福 139
虚心接受批评 142
吃一堑，长一智 145
失败的恋情换来成长 148
人生最大的礼物是宽容 151
以德报怨是一种选择 154

PART 7　你不完美，但是你极其美好

破桶的不完美，成就了路边盛开的鲜花　161
我们都是被上帝咬了一口的苹果　165
假如生活欺骗了你　169
欲望是幸福的敌人　174
任何人都不可能得到全世界　178
你不可能做一辈子天真的少女　182

PART 8　爱是恒久忍耐，又有恩慈

爱情中适合最好　189
会爱比爱本身更重要　193
爱的第一步是爱自己　196
要想幸福，就别比来比去　200
爱和婚姻的本质是包容　204
婚姻相对论　208
去爱吧，就像没有受过伤一样　211

目录 CONTENTS

PART 9 被孤独包裹，仍有阳光

别人凭什么喜欢你 217
今天正是你昨天忧虑的明天 220
你误解了寂寞，它并不可怕 223
自立是唯一稳妥的生活方式 226
变味的朋友圈你烦不烦? 231
谁的人生没低潮，有路就好 234

PART 10 不攀附会讲究，拥抱刚刚好的幸福

且听幸福的声音 241
找到自我的身心自由 244
你要快乐，就快乐 248
幸与不幸全在内心 250
抱怨像病毒一样会传播 253
如果命运只给你一个柠檬 257
好好享受在当下 260

WE
HAVE
BEEN
WORKING
HARD

PART 1

有些事
现在不做，

一辈子
都没机会
做了

诗人海子曾在诗中写道:"从明天起,做一个幸福的人/喂马,劈柴,周游世界/从明天起,关心粮食和蔬菜/我有一所房子,面朝大海,春暖花开/从明天起,和每一个亲人通信/告诉他们我的幸福/那幸福的闪电告诉我的/我将告诉每一个人……"

这些简单而美好的愿景,为何要从明天开始,而不是今天呢?

想要做的事在今天,此刻,即是最佳时刻,如果到了明天,也许一切都已来不及了。

大胆做梦，实现梦想

梭罗曾说："爱就是试图去将梦中的世界变为现实。"如果我们每一个人都是金黄色的向日葵，那么梦想便是指引我们始终向着太阳的向导；如果我们每一个人都是渴望自由的鱼儿，那么梦想便是供我们自在遨游的浩瀚大海；如果我们每一个人都是天使，那么梦想就是帮助我们飞向天堂的翅膀。有了梦想，我们的人生会因自己的奋斗和坚持而更加海阔天空，更加有意义。

梦想是人对于美好事物的一种憧憬和渴望，梦想是人类最天真无邪、最美丽可爱的愿望，有梦想的生活才有意义。梦想都是美的，所以美梦成真是人生最大的幸福。

梦想有时候是人们大胆的想象，它是一个美好的期望，不一定会实现。梦想是生活的动力，它最大的意义是给予人们一个方向，一个大的目标。如果只把梦想当作梦，那么这样的人生可以说没什么亮点。梦想使人伟大，当你把梦想作为目标去执着地追求时，你已经成为了你自己心中的"伟人"，我们需要梦想，就如我们需要爱，需要幸福，需要自己的生命有价值。没有梦想的人生是不完整的，没有领略过梦想路上的艰辛与惊喜，人生会缺失很多绚丽的色彩。当一个人一辈子连自己真正想要的是什么都不知道的时候，也很难说他能够明白什么是真正的幸福。梦想是如此重要，所以，你不妨为自己列一份梦想清单，为人生描绘出一幅美好的图画。

美国西部的一个小山村里，住着一户清贫的人家。一天，在这户人家的饭桌上，一个15岁的少年写着自己一生的愿望："要到尼罗河、亚马孙河和刚果河探险；要登上珠穆朗玛峰、乞力马扎罗山和麦金利峰；驾驭大象、骆驼、鸵鸟和野马；探访马可·波罗和亚历山大一世走过的道路；主演一部《人猿泰山》那样的电影；驾驶飞行器起飞降落；读完莎士比亚、柏拉图和亚里士多德的著作；谱一部乐曲；写一本书；拥有一项发明专利；给非洲的孩子筹集一百万美元捐款……"

少年洋洋洒洒地一口气列举了127项人生的宏伟志愿。不要说实现它们，就是看一看，也足够让人望而生畏了。很多人看了，都一笑了之，觉得少年是"天方夜谭、痴人说梦"。少年对他人的看法不以为意，因为他的全部心思都被那一生的愿望填满了，并被那些愿望牢牢牵引着。

从定下愿望那天开始，少年便开始了将梦想转为现实的漫漫征程，一路风霜雨雪，他硬是把一个个近乎空想的愿望，都变成了现实生活的一部分。他也因此一次次尝到了搏击与收获的喜悦。44年后，他终于实现了"一生的愿望"中的106个愿望……

他就是20世纪著名的探险家约翰·戈达德。

列一个梦想清单，制订一个切实可行的计划，确保每一步都是在朝着正确的方向前行，不要轻易地放弃当初的梦想。生活中会出现各种难以预料的状况，但是我们必须有足够的毅力和决心来完成清单上的梦想。专注于生命中的目标或最初的梦想，做一个梦想的践行者，在你的旅程中就会吸引越来越多能帮助你的人、环境和资源。事实上，将精力集中于你最初的梦想，或最终的梦想，是实现梦想最有效的途径。

那么我们该如何制订属于自己的梦想清单呢？为自己泡一壶茶，静下心来想一想自己的梦想有哪些，拿出一张纸，把它们一一记录下来。

把你的梦想一个个写下来，不管是想成为世界首富这样的大梦想，还是和幼年时的伙伴再见一面这样的小梦想，都可以认真地写下来。只有这样，才能有计划地去完成它们。

在列这样一份清单之前，我们最好仔细想想究竟什么才是值得自己追求的梦想。你的梦想不应该是别人强迫你做的那些事情，比如父母要求你从事的职业、老板要求你完成的业绩，这些都是他人加诸你身上的目标，都不算是你自己最本真的梦想。那些属于你的梦想一定是你自己真正喜欢的东西，或真正想要到达的目的地。

接下来，就要思考如何制订一份成功的梦想清单。首先，在制订梦想清单的时候，你不只要写出自己最终想要实现的那个梦想，还应该明确这个梦想对于你自己的意义，以及制订一个切实可行的计划，让梦想在每一个阶段都有可以"量化"的标准，这样既能够鞭策你不半途而废，又能够激励你继续奋斗下去。比如，你的梦想是成为一名成功的律师，那么你就必须明确什么样的律师才能算是成功的，是每年打赢多少场官司，还是成为一家知名律师事务所的合伙人。明确了之后，你就得为实现这个梦想制订具体的步骤，比如什么时候通过司法考试，什么时候拿到律师执业证等等。通过这些脚踏实地的努力，你会更接近最终的梦想。

为什么有些人的梦想清单制订得很漂亮，可始终不见行动起来，只是纸上谈兵？这是因为，他（她）给自己的时间太长、理由太多了。人们可能会说自己工作很忙，没有时间按照清单上的计划来实施，等过一段时间再说吧。可是一段时间过去了，大部分人还是会以同样的借口拖延下去。就这样，明日复明日，最终梦想被搁浅了。其实，制订好了梦想清单只是完成了一小部分，脚踏实地地去采取行动才是最重要的。所以，给自己的梦想设定一个期限，不要无限期地拖延下去，如果你的梦想很简单，只是想学习如何烘焙可口的点心给家人品尝，那么就规定一个时间，例如在半年或者一年内，去参加培训班也好，在家看书自学也罢，总之在设定的时间里，捧出那一盘凝聚着你的爱心和梦想的美味。你会发现，这个为梦想设定的期限，不会成为阻碍你完成梦想的绊脚石，它也不是一种无形之中束缚你的负累，而是你实现梦想的原动力。

　　制作梦想清单，它的重点还是让人更清楚地认清自己的目标，培养起行动力。光写出来，贴在墙上，是没用的，关键是一步一步去做。

别在等待中搁浅了梦想

时不我待,梦想虽一直在那里,但若错失最佳时机,很难保证它不会成为你的遗憾。

心动不如行动,当我们着眼于梦想的时候,总会产生一种为之奋斗的热情,若是将这种热情投入到行动中,那么早晚有一天我们的梦想会照进现实。可若是不付出行动,那么你的一切梦想都将只是幻想,永远存在于一个你不存在的世界中。

把梦想放在心里,会开出勇敢的花,但若一直不敢用行动去灌溉它,这朵花迟早会枯萎。因为梦想经不起等待。梦想不在于有多遥远,而在于我们是把它供奉在心里,还是为了实现它而采取了实际的行动。

很多人都认为,只有事先做了非常充分的准备后,才有能力去追逐梦想,并用这个理由拖住了追寻的脚步。但实际上,这种常规的思维并不一定就是正确的,即便你自身的条件还不够成熟,但你也有行动的资本,即便你现在做得不够好,也可以当作是射击前的定位，在行动中不断调整自己，不断提升你的能力，才能越来越靠近自己的梦想。

时间可贵、青春可贵、生命可贵、机遇可贵的道理并不复杂，你觉得梦想可以等待，殊不知时间不会等你，青春不会等你。很多美好的事物，往往都是在等待中被搁浅了。

一对兄弟外出旅行归来，想要乘坐电梯，却发现大楼停电了！这可怎么办？他们住在这幢大楼的80层，为了赶紧回家，两兄弟决定爬楼梯上去。

起初，他们还斗志十足，可是爬到20层的时候，兄弟俩就觉得体力不支了。哥哥说："这个包实在太重了！我们先把它放在这儿吧，等来电后坐电梯来拿。"于是，他们把行李包放在了20楼，卸掉了这个包袱，他们顿时觉得轻松多了。

两兄弟有说有笑地往上爬，到了40层的时候，他们累坏了，想到还有40层楼梯要爬，他们开始互相埋怨，指责对方没有注意大楼的停电公告。在争吵中他们一步一步地往上爬，就这样又爬到了60层。到了60层，他们累得已经没有力气再吵架，弟弟说："既然都到了60层，我们别再吵了，干脆爬完算了！"于是，兄弟俩默默地往上爬，终于到了80层！

好不容易回到家门口的兄弟俩非常兴奋，可这个时候他们突然发现，钥匙在20层的行李包中……

这则故事虽然没有直接讲述人生和梦想，但它却蕴含了深刻的人生道理：20岁之前，背负着很多的压力和包袱，因为自己活在父母师长的期望之下，而自己的心态和能力也不成熟，因此步履难免不稳；等到20岁之后，脱离了众人的压力，卸下了沉重的包袱，开始专心地追逐自己的梦想，于是又愉快地度过了20年；到了40岁的时候，猛然回首，发现青春已经不再，不免觉得遗憾和追悔，因此开始不停地惋惜、抱怨……在这样的一种状态下，生活还要继续，一转眼就到了60岁。

这时，人们突然意识到人生已经所剩不多，警告自己不要再抱怨，珍惜剩下的时间。于是，默默地度过自己的余年，直到生命的尽头，又忽然想起好像有什么事情还没有完成。原来，是自己把所有的梦想都留在了20岁的青春岁月，还没有实现。所以说，梦想如果不趁早去追，很可能就在匆匆赶路的途中，被遗忘了。

可见，梦想需要行动，但不是盲目的行动，在追梦的过程中，你应该时时反思，专注于自己的付出，这样你才能不断调整自己的步伐。若是一路上走一步，停一步，四处看看，就很容易迷失。

在南美洲的亚马孙河边，青青的绿草引来了一群羚羊，悠然地在岸边享受着美味。

哪知就在这时，一只猎豹隐藏在远远的草丛中，竖起耳朵四面巡视。它觉察到了羚羊群的存在，于是悄悄地、慢慢地接近羊群。在越来越逼近的过程中，突然，羚羊群有所察觉，忽地一下四散逃跑。猎豹像百米运动员一样，瞬时爆发，像箭一般地冲向羚羊群。它的眼睛死死盯住了一只未成年的羚羊，直奔它而去。

虽然羚羊飞也似的奔跑，但仍然跑不过猎豹的腾跃。在这追与逃的过程中，眼看就要挨着羚羊群了，可猎豹却从一只又一只站着观望的羚羊身边跑过。它没有掉头改追这些更近的猎物，而是从头至尾都在使劲地朝着那只未成年的羚羊疯狂地追去。

最后，那只小羚羊终于跑累了，猎豹也累了；在累与累的较量中，最后比的就是速度和耐力了。终究，小羚羊的屁股被猎豹的前爪狠狠地抓挠了一下，羚羊倒下了，猎豹朝着羚羊的脖子狠狠地咬了下去。

行动是思想的体现，没有行动，别人永远不知道你在想些什么，日子久了，就连自己都不知道自己曾经梦想过什么了。在大脑支配我们的同时，我们应该服从大脑，付诸相应的行动，尤其当我们要去实现的是我们的梦想的时候。

世界那么大，出发吧

2015年4月，一封辞职信在微博上引起热议，无数网友纷纷转发评论，内容是："世界那么大，我想去看看。"这封辞职信被誉为"史上最具情怀的辞职信，没有之一"，短短十个字很诗意、很洒脱、很有文艺范儿，一下子就戳到了人心中最柔软的部分。

写辞职信的人是2004年7月入职河南省实验中学的一名女心理教师，她说："在来得及的时间，愿意的时候，剥离安逸生活，想要用自己的目光去触摸世界。大概就是因为我拥有了世人缺乏的勇气，做到了常人做不到的一点，所以备受关注。"这让她在网络上赢得了更多支持和称赞，网友们纷纷表示都想像她一样"任性"一把。

美国作家安迪·安德鲁斯说："一生之中至少要有两次冲动，一次为奋不顾身的爱情，一次为说走就走的旅行。"这句话广为流传，激起了无数人的共鸣。奋不顾身的爱情需要缘分，而说走就走的旅行，却是可以随时开始的。重要的是，我们选择的是否是自己喜欢的。

2013年，两名厦大女生出版了新书——《把青春塞进旅行箱》，其中一位作者李豫晨，她的青春都行走在路上。谈起大学时光，她最大的感受就是迷茫，虽然专业是自己选的，可读了两年后，她突然看不清未来的路。"不知道该继续念下去，还是转专业。"李豫晨说，"朋友们有的说读下去不错，有的说转专业有前途。"

转折点始于去新加坡做交换生，在新加坡的日子，读书对李豫晨来说是副业，文化交流和旅行才是主业。她的课程被排在周二、周三和周四，剩下的大把时间，她和朋友们当起背包客，玩转了柬埔寨、越南、印尼等地。

大三的下学期，因为决定去参加国外的一个义工项目，李豫晨休学了。项目是李豫晨在上海交大的一个交换生朋友介绍的，每半年招一期，和世界各地的100多位同伴边旅行边做义工。本来她还有些担心，但丹麦朋友的一句"Is that a problem?（那是个问题吗？）"，让她立即下定了决心。敢想就得敢做，交换生一结束，李豫晨就回厦门办了休学手续。她和同伴们走了三大洲，几乎每个星期换一座城市。他们住在当地人家里，深入当地的生活。她去过戒毒所，也在防家暴中心做过咨询，见过富人区，也去过贫民窟。她说："我的心变大了，以前只想着中国，现在看着世界。"她更大的收获是从旅行中找到了自我，不再迷茫。

世界那么大，我为什么不能去看看？也许你说，工作之后就没有读书的时候自由了，有太多的牵绊："我五行缺钱""天天上班，没得闲""孩子太小"……貌似总是被各种各样的事务缠绕着，使得双脚无法迈开。但或许那根本就是借口。对于远方，每个人都有无限向往，但多数人都在朝九晚五，按时打卡上下班这样千篇一律的生活中沦陷了。

不能进行一场说走就走的旅行，想出去看看的梦想一直都在地图上酣睡不起，是因为我们缺少一颗勇敢的心。家与世界之间，差的不是一张机票钱，不是N公里的距离，而是我们是否做好了准备出发。

最近"间隔年"非常流行，英文中叫 Gap Year。间隔的意思是停顿，在西方，年轻人在升学或者毕业之后，工作之前，并不急于盲目地踏入社会，而是停顿下来，做一次长期的远距离旅行（通常是一年）。在这段时间放下脚步去做自己想做的事情，比如去游学、当义工，或者只是休息，以思考自己的人生。还有一种"Career break（事业中断）"的说法，指的是已经有工作的人辞职进行间隔旅行，以调整身心或者利用这段时间去做别的事情。

驴行者大米在2013年的1月辞去了高薪的工作，开始了自己的间隔年旅行。当被问起为什么放弃目前高薪稳定的工作，而去做一个间隔年的旅行？大米说："间隔年旅行是我蓄谋已久的，用时髦的话说，想重走一回青春，为祭奠我16年的辛勤劳作，也为开启我一段新的人生旅程。"

大米是70后，最早是在一个广州女孩的游记里看到间隔年这个词的。大米说自己并不排斥现代社会的价值观，比如成绩优越、事业有成。但他越来越多地开始思考我需要的是别人眼中的辉煌还是自己能够感受到的快乐，人生必须有一个固定的轨迹吗？我需要让每一个人都喜欢和肯定吗？我可以按照自己喜欢的方式生活吗？我可以不需要计划人生而只是追随自己的心灵选择未来的方向吗？

于是，他决定在工作了16年，收获了肩颈劳损、神经衰弱、脂肪肝，还有人生的迷茫的时候，先停下来，去看看世界。

在这个快节奏的社会，每个人都需要一个间隔年，停下来，去看看自己向往的远方。也许你没有伤痛要疗愈，没有压力要逃离，也不想去见识传说中的什么艳遇，更不想去赶什么潮流，但也要去走一走。只因为，世界那么大，值得你去看看，不要等到黄土埋到双膝，步履艰难，还没有好好看一看这个曾经来过的世界，那将是何等的悲怆！即便不为遗憾，至少也要丰富当下干巴巴的生活，别每次看到别人发在朋友圈的去往各地的留影，心里只剩下酸酸的不是个滋味。

培根说："对青年人来说，旅行是教育的一部分。"别一味坐在那儿自嘲："春天来了，我们去旅游吧！我带着你，你带着钱……"外面的世界向所有人张开着双臂，当你下定决心准备出发时，最困难的时候已经过去了。那么，出发吧。

做自己真正感兴趣的事

　　快乐和兴趣是一个人成功的关键因素。聪明的人会设法将自己的天赋、兴趣、热情与自己的职业发展方向结合起来，因为聪明的人知道只有在对某个领域感兴趣并充满激情、快乐地工作时，人才有可能在该领域发挥自己所有的潜能，甚至为它废寝忘食。这时候，人已经不是为了成功而工作，而是为了"享受"而工作。因此，朋友们，找到自己的兴趣所在，并做自己真正感兴趣的事吧。只有这样你才能找到真正属于自己的人生殿堂。

　　哈里·莱伯曼先生是位著名的制药专家，80岁才离开顾问的岗位真正退休。他退休后常到俱乐部去下棋，以此来消磨时间。

　　有一天，女办事员告诉他，往常那位棋友因身体不适，不能前来作陪。看到老人失望的神情，这位热情的办事员就建议他到画室去转一圈，还可以试着画一画。

　　"您说什么，让我作画？"老人哈哈大笑，"我从来都没有摸过画笔。"

"那不要紧，试试看嘛！说不定您会觉得很有意思呢！"

在女办事员的一再坚持下，哈里·莱伯曼到了画室。过了一会儿，她又跑来看看老人"玩"得是否开心。

"太棒了，老先生！您刚才一定是在骗我！您简直是一位名副其实的画家。"她笑着对老人说。

不过，老人刚才说的全是实话，这确实是他第一次摆弄画笔和颜料，他以前从未发现自己有绘画的才能。

提起当年这件往事，老人颇有感慨地说："我开始很不适应退休后的生活，那曾是我一生中最忧郁、最难熬的时光。那位女办事员给了我很大的鼓舞，从那以后我每天都去画室，从作画中我又找到了生活的乐趣。从事一项力所能及的有意义的活动，能使人像是又投入到朝气蓬勃的新生活。"

后来，绘画对于这位八旬老人来说，已经不仅仅是一项单纯的消遣活动了，他对作画已产生了浓厚的兴趣。82岁那年，老人还去听了绘画课，一所学校专为成年人开办的十周补习课程。这是老人有生以来第一次系统地学习绘画知识。第三周课程结束的时候，老人直率地抱怨任课教师画家拉里·理弗斯："您给每一位学员都讲得耐心细致，对我却从来不给予帮助和指导，甚至连一句话也不说。这是为什么？"显然，老人有些不高兴了。

"先生，因为您所做的一切，我自己实在是赶不上。我怎么敢妄加指点呢？"拉里·理弗斯说得情真意切，还自愿出钱买下了老人的一幅作品。

人的潜能有时是极其惊人的。就这样，不到四年的光景，哈里·莱伯曼的许多作品先后被一些著名收藏家购买，有些甚至挂在了博物馆的展示厅。

1977年11月，洛杉矶一家颇有名望的艺术品陈列馆举办了第23届画展：哈里·莱伯曼101岁画展。

这位百岁老人笔直地站在入口处，迎候参加开幕仪式的四百多名来宾，其中有不少画家、收藏家、评论家和新闻记者。老人身材瘦长，脸上皱纹已深，下巴留着一撮胡须，头发花白，但却精神焕发，衣着整洁，看上去最多不过80岁。其作品中表现出来的活力，赢得许多参观者的赞叹。美国艺术史学家斯蒂芬·朗斯特里特热情洋溢地赞美道："许多评论家、艺术品收藏家，透过这种热情奔放、明快简洁的艺术，看到了一个大艺术家的不凡手法。"

不要因为外在的原因而被纳入他人设定的轨道，失掉应当属于自己的天地；也别为暂时不清楚自己的兴趣所在而感到迷茫。人生很长，只要勇敢地开拓，勇敢地尝试，你们很快就能发现自己的兴趣到底是什么，进而将兴趣转化为激情，取得最后的成功。

其实大多朋友都能找到自己的兴趣所在，但在这里有几点建议：首先，不要把社会、家人和朋友们认可或看重的事情当作自己的爱好；其次，不要单纯地认为有趣的事情就是自己的兴趣所在，而要用头脑理智地做出判断，例如大多数人都喜欢玩电脑，但这并不意味着所有人都喜欢或有能力从事软件开发工作；再者，不要误认为一定要在自己感兴趣的事上培植天赋，要尽量去寻找兴趣和天赋的最佳结合点，假如你的兴趣是模特和唱歌，但结合你身材高挑、五音不全的客观条件，你更适合当一名模特。

当然，有的人可能会对自己的兴趣所在感到迷茫，其实没有必要为此担心。你不妨开阔视野，多接触一些新鲜的领域，以寻找自己真正的兴趣所在。经过实践，你一定能更好地体会到自己对各个行业的兴趣，进而找到自己的最爱。

找到自己身上的闪光点

一个人如果不知道自己的缺点会很可怕,但其实不知道自己的优点更可怕,因为优点可以让你在这个世界立足,缺点则只会影响你立足的稳定性。每个人身上都有优点,也就是闪光点,如果你能够找到这些闪光点,并加以培养和放大,那么你一定能借助这些闪光点让自己未来的发展之路更通畅、更光明。

任何事业的成功都是从合理的人生规划开始的,当然,如果你想合理地规划自己的人生,对自己就要有正确的自我定位。但正确的自我定位对于大多数朋友来说却是个难题。生活中,我接触的大多数朋友都不能正确地自我定位,不是过高就是过低,而这两种情况对自己的人生规划都有不利的影响。例如,定位太高,则流于幻想,使远大的抱负变得毫无实际意义,最后除了豪言壮语,凡事皆是一场空;而定位太低,又可能浪费资源,"高射炮打苍蝇",不仅可惜了炮弹,苍蝇也不一定打得着。

小材大用,大材小用,都是不合理的规划。定位的失误往往是由于认识的失误造成的，因此，每位朋友在自我定位前要先学会认清自己，找出自己的闪光点。

日本保险业奇才村上夏子，23岁时进入日本利多保险公司，开始了她的推销生涯，并希望今后在保险业大展拳脚。刚进公司时的村上夏子业绩并不怎么好，一个月也签不上几份订单，但一位老者的一番话却改变了她的一生。

一天，村上夏子向一位老者推销保险。经过详细的说明后，老者却平静地对她说："听完你的介绍，我丝毫没有购买保险的意愿。"听到这样的话，村上夏子不免有些失落，起身欲离开。这时，老者叫住了她并亲切地说："姑娘，人与人之间无论出于何种原因，像你我这样相视而坐的情景还会有很多。你一定要有一种强烈的、能吸引住对方的魅力。如果你连这点能力都没有，将来也便没什么前途可言了。"村上夏子惊讶地看着老者，无言以对。老者接着又说："年轻人，想获得这种魅力，先从认清自己，找出自身的闪光点开始吧！"村上夏子对老者的话很感兴趣，又坐回了原位。老者拍着她的肩膀说："你在替别人考虑保险之前，必须先认清自己，并挖掘出自身的闪光点，然后用你的闪光点吸引住对方。"村上夏子又虚心地问老者："那么我如何才能做到这些呢？"老者笑着对她说："当你赤裸裸地注视自己，毫无保留地彻底反省自己，多找找自身的优点并将其放大，那时你就能彻底地认清自己，并拥有强大的吸引力了。"

虽然村上夏子的保险没有推销成功，但她却获得了远比保险订单更有价值的东西，即老者说的"认清自己，找出自己的闪光点"这一道理。从此，村上夏子开始努力认清自己，寻找自身优点，改正缺点，最终成为日本保险界的推销大师。

我们知道，一个人取得成功的影响因素有很多，如机遇、环境、心态、努力等等。但这里还有重要的一点：成功最终要靠人的自身优势。特别是在今天这个竞争激烈的社会，要好好发扬自己的优势。

萨丽21岁时，到德州一家公司应聘一份推销员的工作。由于该公司是美国的明星企业，待遇很好，所以当时有很多人来应聘这个职位，其中不乏一些名牌大学毕业生。面对众多强劲对手，萨丽没有退缩，依然决定留下来应试。

可等所有应聘者都面试完时，这家公司的人事专员也没有喊萨丽的名字，最后萨丽只好自己走进办公室，询问情况。屋里有四位主考官，他们正准备离开。萨丽急切地说明了情况，一位主考官礼貌地告诉她："你的资料我们看过了，我们觉得以你的学历不能胜任这份工作，再者我们已经找到合适的人选了，请你另寻别的工作吧。"

但萨丽站着不肯离开，希望考官能给她一次机会。萨丽拿出了在学校时获得的演讲比赛的获奖证书给考官们看，并对他们说："我虽然没考上大学，但是也有很多优点，至少我的口才很出众，应该具备成为一位推销员的基本资格吧！"后来，她又请求主考官让她进公司实习，可以不拿工资。

最终，萨丽说服了考官们，成了该公司的实习生，在实习期间，她努力学习业务知识，并四处对潜在客户进行寻访，说服他们与公司合作。一个月下来，她竟创造了新人推销业绩的新纪录，因此被公司正式录取。

萨丽的口才优势给她的推销工作锦上添花，几年后她就升到了经理的位置。后来，她成立了自己的公司，并把公司经营得很好。

在这个世界上，每个成功者都是找出自己的闪光点，并把它发挥到淋漓尽致的地步才获得成功的。正如只有高中文凭的萨丽女士找到自己的闪光点，并将它们放大来征服考官，获得了工作的机会，进而取得后来的成绩一样。记住，每个人身上都有闪光点，只是有些人还没有找到而已。也许它正隐藏在你天性中的某个地方，或许它就藏在你最感兴趣的事物身上，或许它一直就在你最不注意的角落，而你自己却浑然不知。

让兴趣给你生活的激情

女人一定要有几项兴趣爱好，比如画画、看书、做瑜伽、听音乐、唱歌、看风景……拥有一两样兴趣爱好来陶冶性情，修心养性，提高一下自己的生活品位，同时还能自得其乐，也能给自己带来健康和美丽。

兴趣爱好是一个人的精神食粮，支撑着女人的精神世界。它犹如女人心灵的一块绿洲，在人生旅途干涸的时候，滋润慰藉女人的心灵，它不但能陶冶女人的情操，培养女人的气质，让女人除了为人妻为人母外，还能高质量地生活。

人总是会累的，在生活的海洋里漂泊，总有要靠岸的时候。爱人可能会离去，金钱可能会散尽，朋友可能会疏远，那么你的兴趣爱好，就会成为你最后的港湾，心灵永久的栖息之地。女人的爱好，即使只有一样，也能在你和他生气的时候让自己开心，在事业不顺的时候给自己勇气，在被遗忘的时候找回信心，这就足够了。

米兰与丈夫结婚三年,终于有了自己的小宝贝。知道自己怀孕的米兰既有欢喜也有忧虑。她不愿意舍弃自己工作了五年的单位,也不愿意挺着肚子上班,忍受拥挤的交通。两者选其一,她反复纠结,在脑海里形成了挥之不去的阴影。

丈夫劝她不要外出,安心在家养胎。她虽然不情愿,却还是辞职了。久而久之,就养成了习惯,每天在家里收拾,看看电视。日子如同反复重播的录像带,枯燥乏味。"没意思"成了她的口头禅,听得老公耳朵都起茧子了。

一天,她照例对着丈夫抱怨:"生活也太没意思了。"丈夫就问她:"那你为什么不找点有意思的事情做呢?你以前不是一直想学钢琴吗?那时候我们没有钱,现在刚好你没有什么事,不如就开始学钢琴吧,以后也好教我们的孩子。"

米兰听后恍然大悟,原来自己的生活太缺乏兴趣爱好了。没有自己的爱好,犹如灵魂少了一些血肉,只剩生活这副骨架了。米兰开始每天在家里练习钢琴,从最基本的入门开始,一天一天练下去。

十月怀胎,女儿出生后,她已经能够弹奏一整支完整的曲子了。看着熟睡的女儿,看着认真弹琴的妻子,丈夫说:"生活从来没有像现在这样温馨且令人陶醉。"

女人一定要培养自己的兴趣。难过的时候,兴趣是你最好的老师,引导你走出心底的忧伤;快乐的时候,兴趣是你的密友,分享你的甜蜜;乏味的时候,兴趣是你的恋人,给你恋爱时的激情;寂寞的时候,兴趣是你的亲人,伴你走过最孤独的心路历程。

找到你的兴趣爱好,以另一种方式融入这个世界,也融化在人们心底最柔软的深处。也许,你会在茫茫人海中找到知音,找到心灵有共鸣的人,即使没有,孤芳自赏未尝不可,同样能给自己带来一份优雅,一份宁静,一份淡泊,一份宽容。

伟大的思想家罗兰曾经说过:"当你所做的事情是你自己的爱好时,你会发现你做起事情来就会事半功倍,爱好能够让人变得聪明,爱好也能够给人们带来动力,做自己喜欢做的事情就会在行程中得到快乐,在困难中得到鼓励!"

女人有了自己的兴趣爱好,生活就不会那么紧张。修身养性,提高生活品位,乐在其中,是一件很舒心的事情。从爱好中寻找乐趣,寻找情调,寻找生活的色彩,就能让原本美好的日子更加闪闪发亮。

WE
HAVE
BEEN
WORKING
HARD

PART 2

抱怨
身处黑暗，

不如
提灯前行

你的工作快乐吗？请先问问自己的内心。

你是否感觉上班就像遭罪一样难熬？

工作时间长，不想和同事说话，每天早上想到上班，就不想起床？

是否感觉每天的工作都是在强迫状态下才勉强完成的呢？

如果是这样，你快点醒醒吧！不是你的人生出了问题，而是你选择的工作出了问题。

工作也是一种幸福

人们往往喜欢追寻人生的真谛，寻找人生的乐趣，但迷茫了一生却毫无所获。殊不知，人生最大的乐趣就是工作。一个人可以通过工作来实现自己的人生价值，通过工作来学习，通过工作来获取经验、知识和信心。当你在工作中不断成长，走在成功的大道上时，你才能体会到生命的充实。而且，在工作中，你还可以结识一群志同道合的人，让你不会感到孤单。

但现实中，很多人喜欢抱怨工作，把它当成一种苦役，想方设法逃避它，但其实如果一个人逃离工作，是非常可怕的，除了生活成问题外，你还会体会到没有工作的空虚与寂寞。没有工作后，整天的生活会变得非常乏味，每天如行尸走肉一般，生不如死。

小和尚埋怨生活太辛苦，每天烧水、做饭、打禅，琐碎的事太多，无德禅师就给他们讲了这样一个故事：

有个人死后，去了地狱。到了那里，看到那里生活非常安逸，这个人心想："我活着的时候生活太辛苦了，现在我死了，终于可以享受了。每天除了吃饭睡觉,没有别的事情,也不用辛苦地工作了,这样的生活实在是太好了!这里简直就是天堂!"

然后,他向负责的人问道:"这里是地狱吗?我实在难以想象地狱居然这样好!"负责人说:"没错,这里就是地狱!在这里你什么都不用做,好好享受吧!"

于是他就整天吃了睡,睡了吃,快乐得像个神仙。可是时间长了,他开始觉得十分寂寞和空虚,于是他去找负责的人,说道:"我每天除了吃饭就是睡觉,和猪有什么区别?我不想过这样的生活了,你还是给我找一份工作吧!辛苦点我也愿意。"

负责人答道:"这里从来就没有工作,想要什么马上就能得到,只有工作不能得到!"那个人没有办法,只好回去了,又过了一段时间,他实在无法忍受这样的生活,又去找那个负责人,说道:"我不想在这里住了,这种生活实在是难以忍受,你还不如让我下地狱!"

负责人说:"已经告诉过你了,这就是真正的地狱!"

如果你以一颗厌烦不堪的心去对待自己的工作,每天八个小时多么难熬,是可想而知的。反之,如果不将工作看作是苦役,而以快乐无比的心情去工作,我们每天的日子将会是另一番样子。

安娜出生在一个贫困的家庭中,从小就跟随母亲在镇上打零工,所以她基本上没有念过什么书,字自然也认识得不多。18岁时,她获得了第一份稳定的工作,餐馆里的服务员。这里的工作虽然比以前辛苦,但薪水有很大的提高,安娜非常高兴。不过还有一个问题总是困扰着她,那就是她识字不多,当客人点餐时,她不知道如何下单。好心的餐馆老板并没有因此辞退安娜,反而开始教她识字。安娜对餐馆老板心存感激,于是白天更加勤勤恳恳地工作,晚上努力地识字。慢慢地,安娜的字认识得差不多了,她开始练习写字。不到一年,安娜就已经写出一手漂亮的好字了。

两年后，安娜满怀感激地离开了这家餐馆，她用这两年积攒的钱报了一个学习班，学习数学、计算机、文秘等课程。当她学完所有的课程后，她满心欢喜地去寻找新的工作。然而事情并没有她想象中那样顺利，很多公司把拿不出任何文凭的安娜拒之门外。后来，安娜只在一家小公司找到一份打字员的工作。

"虽然这份工作与自己期望中的有很大差距，但比起餐馆服务员来说要好得多！"那时，安娜总是这样对自己说。

安娜依然充满激情，每天努力工作。曾有同事问她："这样一份枯燥的工作，你怎么每天都能如此轻松面对呢？"安娜笑着回答说："我并不觉得枯燥，而且我要感激它让我衣食无忧。"安娜的表现很快就得到公司老板的认可，不久就将她升为助理。当上助理的安娜经常和老板参加一些会议，出席一些活动。随着安娜接触的人不断增多，她的人脉圈在不断扩大，加之她积极的工作态度，很多大公司都向她伸出了橄榄枝。就这样，安娜通过自己的努力，27岁时成为美国一家大型化妆品公司的部门经理，33岁时开设了自己的化妆品公司，35岁的时候已拥有百万资产。

每一份工作或每一个工作环境都无法尽善尽美，但每一份工作中都有许多宝贵的经验和资源，如失败的沮丧、自我成长的喜悦、温馨的工作伙伴、值得感谢的客户等等，这些都是工作成功必须体验的感受和必须积累的财富。如果你能每天怀着感恩的心情去工作，在工作中始终牢记"拥有一份工作，就要懂得感恩"的道理，你一定会收获很多。

将工作看作是一件很美妙的事情，尽管我们知道其中的不容易，但是人生的很多乐趣是需要自己去寻找的。我们要善于在工作中找到不一样的东西，每天都激情澎湃地出门，开开心心地去迎接工作上的挑战。聪明的人应该知道，生活在于享受过程，工作也是一种幸福。

工作热情是生活的欢乐曲

拿破仑·希尔曾说:"如果要获得成功,那么就需要对一个领域足够了解、热爱并保持热情,如果想要创新,就要站在巨人的肩膀上。"

的确,热情是一种状态,是一个人获得成功的原动力,是一个人成就事业的源泉。无论是做人还是做事,热情都是不可或缺的条件,热情就像发动机能使电灯发光、机器运转,能激励人去唤醒沉睡的潜能、才干和活力。热情使莎士比亚拿起了笔,在稿纸上记下他燃烧着的思想;热情使哥伦布克服了艰难险阻,享受了巴哈马群岛清新的晨曦;热情使人们剑拔弩张,勇于为自由而战;热情使樵夫举起斧头,执着于人类开拓文明的道路;热情使伽利略举起望远镜,让整个世界为之震惊。因为热情,人们在不断地革新和创造着这个世界。可以说,热情是这个世界上最大的财富。没有了它,世界上任何一件伟大的事都无法完成。其实我们每个人都会拥有热情,所不同的是,有的人的热情能够维持30

分钟，有的人能够保持30天，但是一个成功的人却能够让热情持续30年甚至一生。

不少人在工作了一段时间之后，突然发现自己成了一个机器人，每天重复着单调的工作，处理着枯燥的事务。每天想的不是怎样提高工作效率，提升自己的业绩，而是盼望着能早点下班，期望着上司不要把困难的工作分配给自己。

这样的人，没有什么人生目标，只想着过一天算一天，他们不断地抱怨环境、抱怨同事、抱怨工作，在工作中不思进取，在生活中不求上进，最后陷入了职业的困境中。

要想摆脱这种职业困境，唯一的办法就是唤起自己的工作热情。带着热忱和信心去工作，全力以赴，不找任何借口。因为，热情是一种素质，是一种性格。伟大的热情能战胜一切，因此，一个人只有强烈地坚持不懈地追求，才有可能达成目标。一个人，当他有无限热情时，就可以成就很多事情。

热情是一种强劲的激动情绪，一种对人、事、物和信仰的强烈情感。一个充满工作热情的人，会保持高度的自觉，把全身的每一个细胞都调动起来，驱使他完成内心渴望达成的目标。

热情无疑是我们最重要的秉性和财富之一。不管你是否意识到，其实每个人都具有火热的激情，它是一个人生存和发展的根本，是人自身潜在的财富，只是这种热情深埋在人们的心灵深处，等待着被开发利用。

聪明优秀的人懂得，长久的工作热情源于自身的不懈努力。全心全意做好自己的本职工作，工作出色了，有了业绩，自然会产生成就感和优越感，也就有了工作的动力。工作做好了，还会赢得别人的尊重，也能更上一层楼。

1883年8月19日，法国的卢瓦尔河畔的索米尔小镇，夏奈尔出生了。她的全名是加布理埃勒·夏奈尔。夏奈尔12岁时，母亲去世了，夏奈尔在孤儿院度过了年少的黯淡时光。17岁，她来到另一个小镇，进入了修道院。在法国，妇女的地位是低下的，一个女孩要想在社会上生存，是非常艰难的。孤儿院的生活使她明白，高超的针织手艺对于女性而言非常重要，她可以通过针线活儿来养活自己，于是，18岁那年，她就到一家商店做助理缝纫师。

夏奈尔的卑微出身和早年生活给她的服装理念打上了深刻的烙印。周围的成年妇女穿的工作服使她相信，妇女需要的不是烦琐的装扮，而是适合她们日益活跃的生活方式的宽松舒适的衣衫。夏奈尔认为："女人为造成她们举止不便的服饰所束缚，从而被迫依赖于仆人和男人。"孤儿院穷苦的生活渗入她的设计风格：朴素端庄、简明大方。

她开始设计黑帽，白色短衫，领口系雅致的黑领结，简单素洁的短上衣。同时，在她工作的小镇，有许多驻军，那些帅气勃发的骑兵制服给她留下了深刻的印象，这无疑也成为此后几十年里著名的镶边服装的灵感来源。20多岁时，夏奈尔遇上了富有的骑士卡佩尔，1908年，在这个人的资助下，夏奈尔开了第一家帽子店，她的帽子宽大实用，受到了许多妇女的欢迎。

1912年，趁热打铁的夏奈尔又在法国上流社会的度假胜地——诺曼底海边小城开了自己的第一家服装店，很快，她极富个性的运动衫、开领衬衫、短裙、男式雨衣受到了时髦女郎的注意。不仅如此，为了扩大宣传，夏奈尔让自己的姐姐穿上自己设计的新式服装，到城里最繁华的地方吸引妇女们的注意，这差不多是最早的一种广告形式了。夏奈尔的事业越来越成功了。

1918年，夏奈尔的亲密爱人卡佩尔因车祸遇难，但夏奈尔依然坚定地发展自己的事业。1924年，她推出了著名的黑色小礼服，掀起了世界服饰的革命。她强调的是舒适性、方便性和实用性。在第一次世界大战期间，男士上战场，女性挑起持家的担子，职业妇女渐渐兴起，因此需要较实用、实际的服装，夏奈尔的服装正好符合这个趋势，她的事业也蓬勃发展。

第一次世界大战后，她认为手工定做服装不适合大众需要，虽然当时手头上有约200位名女人的订单（包括伊丽莎白·泰勒、英格丽·褒曼），她还是决定投入成衣这个市场，这个决定让夏奈尔的企业成为数一数二的服饰大企业。

夏奈尔并没有满足自己取得的成绩，自1920年开始，夏奈尔开始提倡整体形象，这当然是从头到脚，还包含配件、化妆品、香水。对她来说，一个女人不该只有玫瑰和铃兰的味道，香水会增添女性无穷的魅力。于是，她推出了"夏奈尔5号香水"，这是第一支由服装设计大师推出的世纪经典香水。当著名的好莱坞影星玛丽莲·梦露用性感而充满磁性的声音对全世界说："夜里，我只喷'夏奈尔5号'。"全世界都为之疯狂了。

很多时候，你只需换一个角度去思考，就会对自己的工作充满热情。而发现工作的乐趣，正是保持工作激情的不二法门。因为，我们往往在爬坡的时候感到干劲十足，充满激情，当爬上山顶的时候，反而觉得迷茫。所以当工作达到一定阶段的时候，就给自己树立新的目标，有了方向、有了动力，自然就能保持高涨的工作热情。

可以说，保持快乐的心情是具备工作热情的前提，心情愉快了，做什么事情都有精力和热情，把工作当成一种享受，就能保持工作的热情。有人说，当你每天埋头工作的时候，恰恰是你在书写历史的时候，因为，保持热情的关键就在于你是否有决心每天都更新历史，而不只是简单地重复。

工作热情并不是身外之物，也不是看不见摸不着的东西，它是一个人生存和发展的根本，是人自身潜在的财富。具体来说，工作热情是一种洋溢的情绪，是一种积极向上的态度，是对工作的热衷、执着和喜爱。它是一种力量，使人有能力解决最难的问题；是一种推动力，推动着人们不断前进。它具有一种带动力，能影响和带动周围更多的人热切地投身于工作之中。

所以，我们要去除浮躁，摆脱茫然，拥有热情，树立积极的工作心态，在这个世界努力奔跑。

有才华的你也要有责任感

一个人因为有了责任感才能将自己手头的工作做好。一个人工作得好坏，往往就看这个人有没有责任感。现实生活中，很多人总是带着一颗玩世不恭的心让自己融入工作，其实公司就是一个磁体，如果你本身不是带着吸引配合的心态进来的，早晚还是会被排斥出去。很多企业中的老板都希望自己的员工是一个有责任心的人，但是对于大多数人而言，工作就意味着完成自己的分内事，然后心安理得地拿自己那份薪水即可。其实工作不仅是一种谋生的手段，同时也是一份社会责任。

任远是一家文化公司的文案策划，对于这一份工作，任远并不是出于喜欢和爱好，完全是为了能够赚到一点钱。在最初的两个月里，他很耐心、细心地完成自己的方案，希望能够从中获取自己的利益。但是到领工资的时候，任远的工资总是在3000元左右，为此他觉得这一行完全赚不到钱。

两个月之后的他，对工作完全换了一副态度。每天懒散地上班，到了工作单位之后，开始浏览网页，看看新闻，偶尔还玩一玩游戏。下午的时候开始在网上搜一些稿件案例，然后复制粘贴在自己的方案中，以应付领导的检查。一直这样做了半个多月，任远发现领导什么都没有说，他感觉这样做挺爽，首先自己的工作不再枯燥无味，其次，自己的工作不用那么累，而且同样可以拿到钱。

过了一个月的时候，任远的同事姚爽的方案受到了领导的表扬，还给了她3000元的奖金，而任远的方案则总是被客户挑剔。由于方案的设计客户始终不满意，没有通过客户的认可，因此老板没有支付任远方案费，而是将方案发给他，让他自己利用闲暇的时间去修改。听到要修改方案，任远一脸的不高兴。因为在上班的时间修改方案就会影响新任务的速度，会影响自己下个月的工资，但是利用闲暇的时间去修改自己又觉得不甘心。

为了能够不浪费自己的私人时间，同时又不浪费新方案的时间，任远用同样的方法，在网络上搜索了一些资料，随便地改了改，又一次不负责任地交了策划方案。结果还没有到月底的时候，他的方案再一次被客户退了回来，老板很生气地对任远说："小任，你这方案再给你最后一次机会好好改改，如果再通不过，那么你就不要继续在公司做了。我的公司不养闲人。"

听到老板的话，任远心想："你给我那点钱也太少了，压根儿就不够我吃饭的，不干就不干。"于是他还是用了上次那个方法，糊弄着交了自己的方案，然后在第二天上班时和老板说自己辞职的事情。任远离开了公司，而他的方案又被客户退回，甚至导致客户与公司终结了合作意向。当老板把方案拿过来看时，非常气愤，原来任远一直都是以复制粘贴的形式完成方案，不仅让公司蒙受了损失，还耽误了很多时间。

后来，任远去别的公司面试的时候，面试人员看到他的名字，就急忙问："你以前是不是在文化公司做文案策划的？"任远点点头，然后面试人员说："不好意思，我们公司不能聘用你，你的名字已经被企业加入黑名单。"任远垂头丧气地离开面试的公司，非常后悔自己当初的行为。

很多人也许并不能深刻理解什么才是真正的责任，但是责任感对于一个人来说至关重要。在工作中，只有具备强烈的职业感和责任感的人，才能得到他人的赞许，同时也能得到大家的帮助和认同。一个人工作做得好坏，最关键的一点就在于有没有责任感，也许你不是公司里面工作能力最强的一个员工，但是却是最富有责任感的那一个，那么你也会得到老板的赏识，得到大家的肯定。

工作中的我们应该明白一个道理，拥有责任心会让你的事业步步高升，而失掉了责任心，你的工作就会一落千丈。有句话说："假如你热爱工作，那你的生活就是天堂；假如你讨厌工作，那你的生活就是地狱。"你的一生需要承担着各种各样的责任，社会的、家庭的、工作的、朋友的等等。一个人无法逃避责任，也不应该逃避责任。对于自己应承担的责任要勇于承担，放弃自己应承担的责任时，就等于放弃了生活，也终将被生活所放弃。

做一个不可替代的专家

现代企业对人才的要求越来越高,术业有专攻说的就是每个人都应有自己擅长的领域,倘若你什么都懂点皮毛,却没有一样精通的,那也只能被企业拒之门外。在任何一家公司,那些难以替代的人都是拥有一技之长的人,即在某个领域内的专家。

因此,无论你从事什么职业,都应该精通它,下决心掌握该领域内所有的疑难问题,要做到比别人更精通。如果你在工作方面是行家里手,精通业务,就能赢得良好的声誉,也就拥有了成功的秘密武器。

大学毕业那年,任小萍被分到英国大使馆做接线员。在很多人眼里,接线员是一个很没出息的工作,然而任小萍却在这个普通的工作岗位上做出了不平凡的业绩。她把使馆所有人的名字、电话、工作范围甚至连他们家属的名字都背得滚瓜烂熟。当有些打电话的人不知道该找谁时,她就会多问,尽量帮他准确地找到要找的人。慢慢地，使馆人员有事外出时并不告诉他们的翻译，只是给她打电话，告诉她谁会来电话，请转告什么等等。不久，有很多公事、私事也开始委托她通知，她就成了全面负责的留言点、大秘书。

有一天，大使竟然跑到电话间，笑眯眯地表扬她，这可是一件破天荒的事。结果没多久，她就因工作出色而破格调去给英国某大报记者处做翻译。

该报的首席记者是个名气很大的老太太，得过战地勋章，授过勋爵，本事大，脾气大，甚至把前任翻译给赶跑了，刚开始时也不接受任小萍，看不上她的资历，后来才勉强同意一试。结果一年后，老太太逢人就说："我的翻译比你的好上十倍。"不久，工作出色的任小萍又被破例调到美国驻华联络处，她干得同样出色，不久即获外交部嘉奖……

我们在找到愿意为之奋斗的事业之后，一定要努力让自己成为这个领域的专家。成为专家不仅是我们个人对自己的要求，也是现代企业对员工的基本要求。如果你是掌握了公司业务核心技术的软件工程师、医术精湛的内（外）科医生、创意无穷的文案写手、对于新闻有着超乎常人的嗅觉力且能写出好新闻的记者、精通多国语言的外贸人员……那么，无论是在哪儿工作，你都会很快成为举足轻重的人物。原因就在于，你是某个领域的专家，你是无可替代的，你能做别人不能做的事。

随着科技日新月异，竞争日益激烈。谁不想在这激流里顺利抵达彼岸，谁不想在这广阔的蓝天上尽情翱翔，那么成为行业里的专家就是你人生前行的"绿卡"。行业专家，能使企业在短时间内、在某一专业领域内迅速提升竞争力，其受欢迎程度可想而知。

行行出状元这是古话了，做行业内专家也不算新鲜的提法。干一行、爱一行、钻一行是我们常说的话。这些话好说，但不好做。谁都想使自己的工作结果得一百分,谁都想把自己所追求的事业做得尽善尽美,但谁能绝对地做到呢?做行业内专家是个高标准的要求,这个要求的实现并不是那么容易的,它需要我们认真思考,大胆实践,需要大量的时间,需要严谨的过程。只有高起点的定位,才有高目标的实现。

职业演说大师马克·桑布恩在其著作《邮差弗雷德》中讲述了自己第一次遇见弗雷德的故事。

事情发生在马克·桑布恩买下自己平生第一套房子之后。

"上午好,桑布恩先生!"弗雷德非常真诚热情,"我的名字叫弗雷德,是这里的邮递员。我顺道来看看,向您表示欢迎,也介绍一下我自己,同时也希望能对您有所了解,比如您所从事的行业。"

马克·桑布恩收过很多邮件,但还从没有见过这样热情的邮递员。他心中感到非常温暖,对弗雷德说:"我是个职业演说家。"

"如果您是位职业演说家,那肯定要经常出差旅行了?"弗雷德问。

"是的,确实如此。我一年总有160天到200天出门在外。"

弗雷德说:"既然如此,如果您能给我一份您的日程表,您不在家的时候我可以把您的信件暂时代为保管,打包放好,等您在家的时候再送过来。"

桑布恩觉得没必要这么麻烦:"把信放进房前的信筒里就好了,我回家的时候再取也一样的。"

弗雷德解释说:"桑布恩先生,窃贼经常会窥探住户的邮箱,如果发现是满的,就表明主人不在家,那您就可能要深受其害了。"

桑布恩被弗雷德的责任心深深震撼了。

弗雷德继续说道:"我看不如这样,只要邮箱的盖子还能盖上，我就把信放到里面，别人就不会看出您不在家。塞不进邮箱的邮件，我搁在房门和屏栅门之间，从外面看不见。如果那里也放满了，我就把其他的信留着，等您回来。"

此时，桑布恩不禁暗自琢磨："这人真的是美国邮政的雇员吗？或许这个小区提供特别的邮政服务？不管怎样，弗雷德的建议听起来真是完美无缺，我没有理由不同意。"

一段时间之后，桑布恩出差回来，刚把钥匙插进锁眼，突然发现门口的擦鞋垫不见了。他想不通，难道在丹佛连擦鞋垫都有人偷？不太可能。转头一看，擦鞋垫跑到门廊的角落里了，下面还遮着什么东西。

事情是这样的：在桑布恩出差的时候，快递公司误投了他的一个包裹，放到了另一家的门廊上。幸运的是，弗雷德看到桑布恩的包裹被送错了地方，就把它捡起来送到桑布恩的住处藏好，上面还留了张纸条解释事情的来龙去脉，又费心地用擦鞋垫把它遮住，以避人耳目。

接下来的十年中，桑布恩一直受惠于弗雷德的杰出服务。一旦信箱里的邮件塞得乱糟糟的，那一定是弗雷德没有上班。

世界上规模最大的饭店王国创始人康拉德·希尔顿曾经说过："要成功致富，一个人必须成为他所从事的那一行业的领袖人物。"

工作无贵贱之分。所谓事业的成功，就是在自己所从事的行业里出类拔萃，成为行业里的专家。即使是一位清洁人员，他要是能把地板刷洗得照出人影，把马桶刷得光洁如新，那他也能被称为专家，拥有了这样的毅力，不成功都难。在这个世界上，没有任何事物能够取代毅力，能力也不行。在这个世界上最可悲的莫过于有能力的失败者吧。此外，天赋也无法取代毅力，失败的天才更是司空见惯。毅力加上决心，成为专业里的成功人士是不难的。

众所周知，市场表现最好的产品都是在行业里面排名第一的产品。其实同样的道理，我们要成为一个行业里的佼佼者，就必须成为行业里最有功绩的人。著名的成功学家博恩在他的书中这样写道：就像一张招聘的海报上所写的，在你的行业里成就自己才是你的目标之一。只有出类拔萃者才能得到丰厚的回报。成功的那些人所具备的素质之一，就是他们在其工作过程中的每一个时刻都鼓励自己要表现卓越，鼓励自己要成为行业里的顶尖人物，而且不在乎要付出多少代价和牺牲。有了这样的决心，促使他们从那些从未这样下定决心的人群里凸现出来，于是他们的功绩是同行中那些普通人的好多倍。博恩自己也有过这样的经历。他由于少年时期接受教育不多，刚开始工作的时候只是一个底层的销售员，也对自己缺乏自信。后来他逐渐认识到，每一个行业里面最顶尖的10%，以前也都是从最底层做起的。他常常鼓励自己，既然他们可以最终成为顶尖人士，我为什么不可以呢？通过不断地努力，他最终也成为了一名成功人士。

其实每一个杰出的人物都有过表现平平的过去，他们也是一步步走向卓越的。因此，不要认为别人比你强，别人比你善于做此行，所有的技巧都是可以学会的，只要努力，你也可以成为行业里的专家。

成为专家不再是你个人对自己的要求，也是当代社会对年轻人的要求。全通型人才已经明显不如专精型人才受欢迎了。因为现在讲究团队，讲求合作，团队里面的每一个人必须精通各自的那点东西，做到这些便可以获得最大的收益。无论从事什么职业，力求做到精通，然后再力求比别人更精通，这才是行业里的专家。

那么如何做才能成为行业里的专家呢？专家是不是需要天赋呢？根据脑科学家的研究，几乎每个人都能够在他们身体没有缺陷的前提下发展到专家水平。很显然，上天给予的天分、自然的禀赋、遗传特质并不像它们被夸赞的那样神奇。实际上，看那些在音乐、数学、象棋或其他领域上成绩卓越的人，更多的是他们或许在专注、投入和追求卓越的欲望上有一种特别的天赋。或许所谓的专家只是因为他们比别人尝试得多，或者他们刻意进行了多次反复的尝试。对于卓越者而言，目标绝对不是简单地重复同样的事情，而是每一次都更上一个台阶。这就是为什么他们不会觉得练习很无聊。每一次的练习，他们都会在某些地方比上一次做得更好，次数多了，他们就成为行业中的顶尖者。

但是现实生活中，我们大多数人总会避免练习那些需要努力才能掌握的东西，所以我们总是停留在中等或者业余水准上，处于那种可有可无的角色中。如果我们愿意花更多的时间去练习那些看起来没有乐趣的事情，相信我们就能变得更好，更优秀。我们需要那种追求精通的激情，而专家就是在很多细微的方面，永远表现得不满足，永远觉得有需要改进的地方。

不要再踌躇了，不要再浪费时间了，不要再怀疑你是否具有天赋成为专家了，实际上你在任何年龄都可以产生新的脑细胞，只要通过后天的学习和努力都可以成功。想想看，即使你现在已经50岁，明天你开始学习外语，到你70岁的时候，你已经说了20年的外语，难道你不会成为一位熟练掌握外语的专家老人了吗？所以，还等什么呢，赶紧行动，无论做什么，投入精力和时间，你就是那个行业的专家。

调整工作态度和心态

志向远大的人一般都不安于现状，人的一生可以平凡，但是不能够平庸，想要取得成功，其实只要一步步地摆脱自己一些小小的瑕疵，就能够超越自己，在前行的人生道路上我们需要时刻掌握主动，主动寻求帮助，获得进步。

1958年，一个叫钟彬娴的中国籍女孩出生在加拿大东部的城市多伦多。小学四年级的时候，这个女孩非常渴望拥有一盒120色的画笔。父母看出她对画笔的那份渴求，于是就和她达成一个协议：如果你的考试能够全得A，我们就给你买一套！为了得到那套画笔，小彬娴一直把自己关在房间里温习功课，什么生日派对，什么网球比赛，她统统置之不理。到了年底的时候，小彬娴终于交了一份写满"A"的成绩单给父母，如愿以偿地得到了自己梦寐以求的120色画笔。

20岁的时候，钟彬娴从美国普林斯顿大学的英国文学专业毕业了。很快，她就进入布鲁明百货公司上班，成为一名最基层的售货员。凭借着自己的努力和对工作的一腔热情，12年之后，钟彬娴就开始负责起公司所有的女装业务。

34岁时，钟彬娴与比她年长15岁的布鲁明百货公司CEO麦克·古尔德结婚了。为了避嫌，在结婚后的第二年，钟彬娴就辞职离开了这个公司，并着手寻找另一家新的企业。

在选择再就业的过程当中，雅芳作为生产化妆品的百年老店获得了一直从事女装业务的钟彬娴的青睐。她很快就加入了雅芳。

在钟彬娴刚刚加入雅芳不久，她与CEO吉姆曾有过一次会面。那一次，钟彬娴去他的办公室里汇报工作时，看到一块装饰板上印着四个足印：猿猴、男人的光脚、男式皮鞋和一只高跟鞋。上面还带有一个题词：这是领导权的演变！不经意间，吉姆对钟彬娴说了这样的话："我完全相信，在未来的10年，一定会有一位女性来领导雅芳！"听完CEO的这番话，钟彬娴的内心澎湃极了，也在心里深深地埋下一个梦想。

仅仅一年的时间，钟彬娴就凭借着丰富的管理经验和卓越的能力成为了雅芳公司的核心领导之一。在接下来的日子里，她的职场生涯一直都是顺风顺水。

1997年，CEO吉姆打算退休了，钟彬娴和其他两个人成为了雅芳CEO的候选人。这个时候的钟彬娴已经是雅芳的COO（首席运营官），负责雅芳的很多事务，并被业界人士所熟知。可以说，她已经在美国企业界放射出相当惊人的光芒。

可是，杰出的表现和外界的肯定仍然敌不过女性在职场中的劣势。一直觉得自己是CEO最合适人选的钟彬娴最终还是与这个职位擦肩而过了：另外一个名叫查尔斯·佩林的男性担任了新CEO的职务！董事会选择查尔斯·佩林的原因就在于：雅芳的百年历史上不曾有过一名女性CEO！

董事会的这次决定，给了钟彬娴很大的冲击。在她绝望的时候,很多其他企业代表纷纷上门来找她,都想聘请她担任他们的CEO。面对挫折之后的盛情邀请,钟彬娴在痛苦挣扎之后,面带微笑一一回绝了:"名称、头衔比不上我对雅芳的热情!"

正是这种热情,钟彬娴一直默默地坚持下来了。

1999年,雅芳遭遇了一场危机:股价一落千丈!到了11月,公司第四季度的销售和盈利急剧下滑,股价猛跌了50%!之后不久,首席执行官查尔斯·佩林引咎辞职了,雅芳陷入了生死攸关的时刻,董事会不得不物色另一个CEO人选。他们想起了钟彬娴。

钟彬娴得知董事会要她临危受命领导雅芳的时候,她没有丝毫怨言,挑起了这个重担。由于之前钟彬娴在企业界声名好,再加上她对雅芳进行的种种改革,雅芳的危机很快就化解了,并逐步走向成熟。

事实就是这样,只有全力以赴、尽职尽责地做好目前所做的工作,从慢慢积累经验开始,渐渐督促自己在职场中不断向上攀登。勤奋刻苦的品质是通向成功的桥梁。可是,现实中,很多很有能力的人却对自己所从事的职业感到厌烦,他们讨厌去做那种平凡乏味的工作,摆着一副"天将降大任于斯人"的态度,不懂得吃苦在先,他们根本不知道职位的晋升是建立在忠实履行日常工作职责的基础上的。其实,真正聪明的人就是从极其平凡的职业中、极其低微的岗位上,发现并利用蕴藏在其中的巨大的机会,从而取得自己人生的成功。

所以,要想实现自己的抱负,你就得调动自己的全部智力,全力以赴,先把自己的工作做得比别人更完美、更迅速、更正确、更专注,从平凡的工作中找出新的工作方式来,只有这样,才能比别人做得更出色,也才会有发挥自己本领的机会。

一个在国际贸易公司上班的人经常向朋友抱怨自己的上司态度多么傲慢,给自己指派的任务多么重。有一天,他咬牙切齿地说："我老板这么傲,一点都不把人放在眼里,明天我就要对他拍桌子,我不干了!"听他这么一说,朋友倒觉得有点惊奇,因为他所在的公司是一家效益不错的跨国公司。老板有底气,自然会对员工有点飞扬跋扈,于是问道:"你对于公司全部业务都弄清楚了吗?国际贸易的窍门都学到了吗?"

"没有!我才懒得学!"

"接下来的日子我建议你在公司里多用点心,把公司的贸易技巧、商业文书的写作规范和公司运营策略全部搞通,甚至如何修理复印机、传真机等都全部学会,然后再辞职不干,君子报仇十年不晚。你把他们的公司当成是免费学习的地方,把什么都学会之后,再一走了之,这样不是又学到东西又出气了吗?"

他听了朋友的建议后,大为赞同。从此在公司中不再懈怠懒散,一有空便偷记默学,甚至在下班之后,也主动留在办公室研究商业文书的写作技巧。

一年后,朋友又碰到他时说:"现在到了你报仇的时候了,很多东西相信你都学会了吧。可以对老板拍桌子了吧?"

他不好意思地说:"可是我发现近半年,老板对我的态度发生了很大转变,最近更是不断将公司一些重大工作交给我做,前几天刚刚升职加薪,我现在不想走了。"

"哈哈,这是我早就料到的!"朋友笑着对他说,"当初老板对你指手画脚,不尊重你,是因为你能力不足,又不思进取;现在你痛下苦功,自己的能力又得到这么大的提升,这么好的人才,老板可舍不得放弃,只好用升职加薪来笼络你了。"

我们往往就像那个人一样,只知道抱怨工作,抱怨老板,却不知好好反省自己。仅仅把工作当成一份获得薪水的职业,能少付出就尽量少付出。要知道,工作是需要你用生命去做的事情,积极认真,全力以赴,我们才可能获得自己所期望的成功。成功者和失败者的区别就在于成功者无论做什么,都丝毫不会放松,力求达到最佳；而失败者无论做什么职业，都是马马虎虎，敷衍了事。

在职场上奋斗，就像马拉松长跑，相互间的差距会越来越大：有的人得到重用和提升，有的人在原地踏步或频繁跳槽，还有的甚至被同事们排挤、孤立。也许，大家的工作能力相差无几，只是有人给自己戴上了一副无形的"眼镜"，以这种面目和态度去为人处世，自然无法将职场看得清楚、明白，无法把握每次难得的机遇。

有个智者说过："当世界摒弃了你，而你又无法改变时，你才有权利抱怨。"可事实上，我们周围有不少人却以抱怨为工作常态。这样的人，在职场领域，是很难有所发展的。

一个人对工作的态度应该是他对生命的表达。所以，了解一个人的工作态度，就是了解那个人对生命的态度。你在这个世界上选择什么样的工作，如何对待工作，从根本上说，不是一个关于做什么事和得到多少报酬的问题，而是一个关于生命意义的问题。好的工作态度和积极努力的心态，将会帮你实现事业的成功。

工作是一个施展自己才能的舞台。我们寒窗苦读学来的知识、我们的应变力、我们的决断力、我们的适应力以及我们的协调能力都将在这样的一个舞台上得以展示。除了工作，没有哪项活动能提供如此难得的充实自我、表达自我的机会，以及如此强的个人使命感和一种快乐的理由。工作的质量往往决定生活的质量。

一个人所做的工作是他人生态度的表现，一生的职业，就是他志向的展示、理想的所在。所以，什么样的工作态度，在某种程度上就是决定了你的工作前途。因此，美国前教育部部长、著名教育家威廉·贝内特说："工作是我们要用生命去做的事。"在过去的岁月里，如果你曾经谩骂、批评、抱怨、四处发牢骚，对自己的工作没有丝毫激情，在无奈和无尽的抱怨中平凡地生活着，那么就需要注意了。你过去对工作的态度如何，这并不重要，毕竟那是已经过去的事了。重要的是，从现在开始，你未来的态度将如何？

在职场的风风雨雨里,想获得升迁,想赢得发展,必须保持一颗积极的心态,努力工作,务实进取,甘于吃苦,不断锻炼,多积累经验。勤勉与智慧,将会带给你惊喜;坚持与务实,将会带给你收获。相信明天会更好。

理智跳槽

　　如今，"跳槽"已成为整个社会的流行语，很多人在公司待了不过几个月，就开始想要不要跳槽，该不该跳槽。特别是一些有一技之长或是刚毕业的年轻人，他们总是这山望着那山高，今天一个地方，明天又跳到了另一个地方，曾有人幽默地说，如今的人就像脚底踩了风火轮一样，一年不见面，到原单位找到人的概率还不如到广场上兜风碰上的概率高。这话虽说夸张了些，但也从另一面反映了现在跳槽频率之高。

　　跳槽，几乎是每一个职场人都会遇到的职场经历，合理的职业流动能让企业在不同发展阶段更好地引入合适的人才。然而社会的浮躁，让更多的职场人变得急功近利，越来越多的人期望通过频繁跳槽来获取更多的利益，企图在最短的时间内实现丰实的人生积累，那么，他们的这些愿望能够实现吗？

　　国际金融专业出身的江雨在一家有三四十人规模的公司从事

文秘工作。她已经在这家公司做了四年，每月的工资已经上调到了四千，但江雨知道，这个工资水平已经是这家公司的极限了，所以，随着"金九银十"的职场黄金季节的到来，很多同事们都跃跃欲试，江雨也想试一试。

她想换一个工作种类，因为她觉得文秘毕竟是一个青春饭碗，自己不可能一辈子做文秘。但是她不知道做什么好，因为她以前所学的专业知识早就在日复一日的公司杂务中忘得精光了，要从事金融方面的工作根本就无从做起。

最后，江雨想到市场营销的进入门槛较低，收入的增长空间也比较大，再加上她自己也很喜欢和人打交道，于是很快就转行做了市场营销。但没想到，营销根本就不像她想象得那么好做，由于没有经验，江雨在一家销售公司做了三个月的销售之后，就因为一直没有业绩被辞退了，更不要提赚钱了。

相信很多人都曾有过江雨这样的经历，本想跳到一个比较好的公司，换一个工作种类和环境，结果却事与愿违。其实这些人很多时候只是受到了别人的影响，或是不安于现状，很想要有所改变，而事实上，他们却并不清楚自己究竟适合做什么，又能够做什么，或是应该往哪里跳，拿什么资本去跳等，结果栽了大跟头。

其实，幸福与不幸福原本是没有一个固定标准的，适合别人的不一定适合你，甚至还可能是你的束缚。如果不是出于自身发展的需要，而是人云亦云，盲目从众，你就很难得到自己真正想要的东西。因此，在跳槽前，你一定要想清楚自己想通过这种方式获得什么。

大学毕业已将近一年了，王强决定要离开他目前的单位，去寻找适合于自己的工作。记得刚和单位签约时很高兴，这是一家大型建筑企业，收入也不错，又在大城市。在那么多竞争者中能被选中是件令人激动的事，他在憧憬着美好的将来。

一进单位，王强被安排到了基层工地的试验室，他们的试验室主任安排他与一个师哥学习原材料的检测和路基的验收。没过半个月，王强的这个师哥就被调回公司当秘书去了，他所干的工作就被王强接了下来。

王强这个人适应能力强，进取心强，能吃苦。那年夏天南方雨水少，天很热，白天在工地上工作，汗水像下雨一样"哗哗"地往下掉。为了配合施工，他早上四点钟就起床监察验收路基，剩下的时间他查资料，学习工程技术。就这样用了半年时间他很出色地完成了工作，成为分配到基层中表现最好、工作最好的一个。他真的感到很高兴。

当年年底，他被调往上海，也在试验室。这是一个重点工程，工程进度很紧。试验室主任在外工作好几年没回家过春节了，现在他请了一个多月的假回家探亲，所以试验室的日常工作就由王强负责。从上班开始，他和同事们没放过一天假，为了在规定时间内完工，春节他们也照常上班。刚开工的时候，一切都是很忙的。试验室牵扯的部门很广，每天与各区的施工员、材料科、质量科、资料科、各分包队、检测中心、监理等打交道。他把工作从里到外一切都安排得有条不紊。等主任回来后，看着试验室紧张而有序的一切，连说了几声想不到，想不到，并面含微笑接连感叹：简直完美！

没过一个月，他们主任也调回去了，因为他妻子也在外地工作，家里孩子没有人管，王强自然就被提升为试验室主任了。在别人眼里，他的现状应该很不错了，可是他早已深深地感到自己不适合这个行业，不适合这个单位。这是个大的国企，职工很多，所以裙带关系错综复杂，对谁说话办事都得小心翼翼。

建筑单位最重视施工员，别的部门根本没有发展机会。往年被提升为经理、副经理的人都是从事施工的，别的部门干得再好也不会有什么前途。他有自己的理想，他不满足于现状，他很希望自己能不断突破，他相信在好的工作环境下，他自己会做得更好。因此，他决定跳一次槽。不久，他便在自己喜欢的工作中取得了巨大成功，拥有了荣誉和大量财富。

　　跳槽，是与旧工作的告别，也是新生活的起点。如果你在本单位既不能得到加薪的机会，也没有升职的苗头，只是日复一日地混日子，对工作没有了激情。那就请跳槽吧，因为跳槽后，你去了一个全新的环境，新鲜感会刺激你认真工作，使你的工作状态得到调整。

　　几乎任何事物都具有两面性，跳槽也同样如此，它对人才的职业发展而言是一把双刃剑。过于频繁地更换工作，会不利于专业经验和技能的积累。但有时候，跳槽却是激发职业发展潜力的良好机会。

　　要想跳槽成功，必须先具备三个因素：需求、方向和资本，如果这三个条件都不具备，那么你最好还是待在原地。

　　首先，想要跳槽，应先看看自己的需求是什么，分析利弊得失。很多人跳槽的主要原因是为了得到更高的薪水，但事实上，真正改变薪水的不是跳槽，而是你的职业发展。如果你的跳槽无助于你的职业积累和发展，那么这样的跳槽就是不理智的。如果你在一家公司感觉处境不妙，不但无用武之地，可能连开展正常工作都很困难，无法学得更多有用的东西，那么你就不要再浪费时间和精力，而要及时做好"跳槽"的准备工作，然后付诸行动。

　　其次，想要跳槽，还要明确好适合自己的发展方向。往往错误地肯定自己能干什么，比不知道自己适合干什么还要糟糕。很多跳槽没成功的人，就是因为没有确定要跳槽的方向或是方向不对，以至于跳来跳去总也找不到归属感，甚至还会越跳越往下"掉"。因此在你还没确定好方向时，还不宜跳槽。

　　最后，你必须有足够的资本，才能果断跳槽。如果没有一定的资本，或是无法利用原有的工作经验，那么你再怎么跳也于事无补，甚至是越跳越糟。

总之，跳槽并不是我们的目的，它只是我们接近个人职业目标的方法之一。如果能在跳槽前做好职业定位，充分考虑自己的内在职业取向和独特的价值，了解新公司的企业实力、环境和文化背景，对自己即将从事的岗位进行充分调研和全面了解，做到心中有数，充分做好准备再跳，这样获得的新工作就自然会变得稳定许多。所以，跳槽之前务必多做准备，才能让自己跳得更理性一些。

WE
HAVE
BEEN
WORKING
HARD

PART 3

不积
跬步，

无以至
千里

在工作和生活中，我们常常有这样的体会：没有高要求就没有高动力。因此，我们应该把做好工作当成义不容辞的责任，而非负担，要认真注重细节，不能有半点马虎及虚假；做工作的意义在于把事情做完美，而不是做五成、六成就可以了，应该以更高的标准来严格要求自己。

用最高标准要求自己

我们来看一个发生在文学大师伏尔泰身上的事例:

18世纪法国著名启蒙思想家伏尔泰是著名的文学家,他创作的悲剧《查伊尔》公演后,得到了观众很高的评价,许多行家也认为这是一部不可多得的成功之作。

但当时,伏尔泰本人对这一剧作并不十分满意,他认为剧中对人物性格的刻画和故事情节的描写还有一些细节上的不足。因此,他拿起笔来一次又一次地反复修改,直到自己满意才肯罢休。

经伏尔泰精心修改后,剧本确实一次比一次好,但是,演员们却非常厌烦,因为他每修改一次,演员们都要重新再排练一次,这让他们花费了许多精力和时间。

为此,出演该剧的主要演员杜孚林气得拒绝和伏尔泰见面,不愿意接受伏尔泰重新修改后的剧本。这可把伏尔泰难住了。他不得不亲自上门把稿子塞进杜孚林住所的信箱里。然而,杜孚林还是不愿看他的修改稿。

有一天，伏尔泰得到一个消息，杜孚林要举行盛大的宴会招待友人。于是，他买了一个大馅饼和十二只山鹑，请人送到杜孚林的宴席上。

杜孚林高兴地收下了。在朋友们的热烈掌声中，他叫人把礼物端到餐桌上用刀切开，当在场的人把礼物切开时，所有的客人都大吃一惊，原来每一只山鹑的肚里都塞满了纸。他们将纸展开一看，原来是伏尔泰修改的稿子。

杜孚林哭笑不得，后来，他怒气冲冲地找到伏尔泰，对他说："你为什么要这样做？"

伏尔泰说："我希望把完美的剧作展示给观众。"

可以试想，伏尔泰如果不是以最高标准来要求自己，他可能不会成为伟大的文学家，可能也不会在世界文坛占有一席之地。相反，如果一名员工忽略工作中的细节，马马虎虎、敷衍了事，这样只会在工作中留有遗憾。

为了提升海尔整体卫浴设施的产品质量，1997年8月，33岁的魏小娥被派往日本，学习掌握世界先进的整体卫浴生产技术。在学习期间，魏小娥注意到，日本人试模期的废品率一般都在30%—60%，设备调试正常后，废品率为2%。

"为什么不把合格率提高到100%呢？"魏小娥问日本的技术人员。

"100%？你觉得可能吗？"日本人反问。

从对话中，魏小娥意识到，不是日本人能力不行，而是思想上的桎梏使他们停滞于2%的废品率。作为一个海尔人，魏小娥的标准是100%的合格率，即"要么不干，要干就要争第一"。她拼命地利用每一分每一秒的学习时间，3周后，她带着先进的技术知识和赶超日本人的信念回到了海尔。

时隔半年，日本模具专家宫川先生来华访问见到了"徒弟"

魏小娥，她此时已是卫浴分厂的厂长。面对着一尘不染的生产现场、操作熟练的员工和100%合格的产品，他惊呆了，反过来向徒弟请教问题。

"有几个问题曾经使我绞尽脑汁地想办法解决，但最终没有成功。日本卫浴产品的生产现场脏乱不堪，我们一直想做得更好一些，只是难度太大了。你们是怎么做到现场清洁的？100%的合格率是我们连想都不敢想的，对我们来说，2%的废品率、5%的不良品率是天经地义的，你们又是怎样提高产品合格率的呢？"

"用心。"魏小娥简单的回答又让宫川先生大吃一惊。

用心，看似简单，其实并不简单。

原来，魏小娥从日本学成归国之后，便开始重点抓卫浴分厂的模具质量工作。魏小娥在实践中把2%放大成100%去落实。比如，她发现有的产品成型后有不易察觉的黑点，就马上召集员工商量对策。有的员工说："这个黑点不仔细看根本看不见，再说，经过修补后完全可以修掉……"

魏小娥说："这些有黑点的产品万一流向市场，就会影响海尔的信誉，用户可以拿着放大镜、听诊器去买冰箱，也会拿着这些东西来买卫浴设施。所以，既是'白璧'就不能有'微瑕'，产生这个小黑点的原因就是我们的现场没能做到一尘不染。"

不管是工作日还是节假日，魏小娥紧绷的质量之弦从来没有放松过。有一次在试模的前一天，魏小娥在原料中发现了一根头发，这无疑是操作工在工作中无意间掉进去的。一根头发丝就是产品的定时炸弹，万一混进原料中就会出现废品。魏小娥马上给操作工统一制作了白衣和白帽，而且要求大家统一剪短发。

就这样，在魏小娥的努力下，2%的责任得到了100%的落实，2%的可能被杜绝。终于，100%这个被日本人认为是"不可能"的产品合格率，魏小娥做到了。

在工作中，如果我们能够像魏小娥这样用最高标准要求自己，也一定能成为第二个"魏小娥"。只要用最高标准要求自己，我们也可以做得更好！

无数事例证明：只有用最高标准要求自己，把工作中的每一个细节都做到、做透的员工才是公司所需要的员工，也只有这样的员工才能得到领导的赏识和奖赏。同时，这也是衡量接班人是否卓越的重要标准。因此，让我们立即行动，用最高的标准来要求自己。

紧盯脚下路，做好每件小事

在现实生活中，大事都是由小事构成的，"合抱之木，生于毫末。九层之台，起于垒土"。即使让你修建万里长城，也得一块块地垒砖，不做小事，又何来大事成功呢？正所谓：一屋不扫，何以扫天下？

做不了小事，又如何做得了大事呢？小事都做不好，别人又岂能相信你具备做大事的能力呢？又岂会把担当重任的机会给你呢？

企业中也是如此，管理者一开始会安排员工做一些比较简单的事情，其实这就是在检测员工对待平凡工作和简单任务的态度。员工只有把这平凡的工作做好，管理者才会放心和信任员工去处理企业中更高层次的问题。

海尔总裁张瑞敏说过："把简单的事情做好就是不简单，把平凡的事情做好就是不平凡。"一个人要想成就一番事业，必须从简单的事情做起，从细微之处入手，认真做好每个细节，这样会距离成功越来越近。

老周是一个退伍军人，几年前经朋友介绍到一家工厂做仓库保管员，虽然工作不繁重，无非就是按时关灯、关好门窗、注意防火防盗等，老周却做得超乎常人的认真，时刻保持高度的责任意识。他不仅每天做好来往工作人员的提货日志，将货物有条不紊地摆放整齐，还从不间断地对仓库的各个角落进行打扫清理。

三年下来，仓库没有发生一起失火失盗案件，其他工作人员每次提货也都能在最短的时间找到所要的货物。在工厂建厂二十五周年的庆功会上，厂长按老员工的级别，亲自为老周颁发了一万元奖金。许多老职工不理解，老周才来厂里三年，凭什么能够拿到这个老员工的奖项？

厂长看出大家的不满，于是说道："你们知道我这三年中检查过几次咱们的仓库吗？一次都没有！这不是说我工作没到位，其实我一直很了解咱们厂的仓库保管情况。作为一名普通的仓库保管员，老周能够做到三年如一日地不出差错，而且积极配合其他部门人员的工作，对自己的职位忠于职守，比起一些老职工来，老周真正做到了爱厂如家，我觉得这个奖励他当之无愧！"

从上面的事例可以看出，一个人即使在最平凡的岗位上将本职工作做好，精益求精，也能成就不平凡的事业。因此，作为员工，我们无论做任何工作，都应该把它做好，追求精益求精。坚持把平凡的工作做好，成就不平凡的事业。

也许一个穷人，会因为某种机遇而一夜之间成为腰缠万贯的富翁，但一个搬运工成为一个哲学家，一个凡人成为一个伟人举世闻名，绝不是某个机遇的缘故。不断地追求，才有不断的进步；不断地行动，才有不断的成就；不断地积累，才有不断的提高，不断地积小步，才有跨大步的力量。

栽什么树苗，结什么果子；播什么花籽，开什么花儿。人积累耕耘的经验就成为农夫，积累砍削的经验就成为工匠，积累贩卖货物的本领就成为商人。这种积累，既是痛苦的，又是快乐的。

美国社会工作者海伦·凯勒的老师安妮·沙利文说过，人们往往不了解，即便是要取得微不足道的成功，也必须迈过许许多多蹒跚艰难的脚步。

你希望一口吃个胖子，希望夺取成功就像迈一下脚步那样简单，你或许常常这样幻想：“我真希望自己是个完美无缺的人。假如我有好的天资，是个大智者的话，我就会干什么事情都永远不会失手，我会马上把吸烟、赌博的恶习戒除掉。”

这是幼稚的懒汉成功逻辑。你以为成功者都是有遗传得来的天赋，有把事情做得尽善尽美的诀窍。按这种逻辑，成功者每做一件事情都是轻松愉快的，易如反掌的。懒汉们认为，成功者都是无师自通的天才，学了第一课，就能够一下子成为专家。你这种"马上如愿"的思想，是导致失败的根源。

毫无疑问，那种希望"马上如愿"的人还是存在的，像婴儿。婴儿都是要求父母即刻满足他们的意愿的。他们一想撒尿，不管是在大人怀里还是睡在床上，即刻就把衣服尿湿、被子尿湿。对婴儿的这种行为，父母无可指责，并不会对婴儿提出从发育来说不现实的要求。不幸的是，如果你一生当中总保持着这种马上如愿的要求，那么，你要走向成功是不可能的。

举个例子：你是一个抱着"马上如愿"思想做事的人，你决定当一个画家，你期望自己一下子就能画出像达·芬奇《蒙娜丽莎》那样的杰作，期望自己一夜成名。但你不知道自己是该先画蒙娜丽莎的秀发还是先画蒙娜丽莎的额头，你便会认为绘画很艰难，面色陡变，顿时扔掉画笔，长叹创作之难。因为你相信的是：如果一个人有出息，有才干，想要做什么事，都能一下子如愿以偿，用不着像达·芬奇那样天天画鸡蛋苦苦地做单调乏味的努力，用不着一点点地积累经验，用不着总费很多时间去锻炼基本功。这种想法，终将会把你抛入失败的谷底，不堪回首。

上天就是这样捉弄人，你越希望即刻如愿，越难以如愿。成功，不是直线，而是曲线。成功，是一个缓慢积累和学习的过程。攀登珠穆朗玛峰，需要从脚下第一步开始，不可能一下子就跃上山顶取得成功的。

紧紧地盯着眼前的阶梯，一步一个脚印，你终将登上成功之巅。

做一个生活的信息捕捉者

任何机会，归根结底都是信息，收集的信息越多，获取的机会也就越多，这是不证自明的道理。

对商业企业来说，信息是命根子，是企业取得最佳经济效益的根本保证。

信息就是金钱，信息也是机会，谁对得到的信息反应最为敏捷，并迅速采取行动，谁就占有了机会。

在日常生活中，我们经常可以听到这样的事：一条信息救活了一家企业，一条信息赚了很多很多的钱，一条信息使一个穷光蛋一夜间变成了富翁……这就需要你去留心这些信息。

曾经有一位商人，在与朋友的闲聊中，朋友说了一句话：今年滴水未降，但据天气预报部门预测，明年将是一个多雨的年份。

说者无心，听者有意。商人从朋友的话里，发现了这是一个商业机会,什么与下雨关系最密切呢?当然是雨伞。

说干就干,商人着手调查今年的雨伞销售情况。结果是大量积压。于是他同雨伞生产厂家谈判,以明显偏低的价格从他们手中买来大量雨伞囤积。

转眼就是第二年,天气果然像预测的那样,雨果真下个没完。商人囤积的雨伞一下子就以明显偏高的价格出了手,仅此一个来回,商人一年时间里就大赚了一笔。

现代社会里,信息变得越来越重要,对于人们的生活和事业的成功更起着非常重要的作用,信息抓得越快越准,成功的机会就会越大越多。

某市一个大型商店的经理,十分重视市场信息。他在阅读报纸时,多次看到有关摩托车驾驶者造成交通事故的报道,于是灵机一动,立即组织购进摩托车专用头盔一千顶。过了不到一个月,当地交通部门就宣布无头盔不得驾驶摩托,头盔一下子成了热门货,果然做了一笔好生意。

这位经理的成功之处,就在于能从细微处着手,瞅准机会,变市场机会为自己的机会。

广东湛江家用电器公司的"三角牌"电饭煲如今已步入千家万户,成为人们重要的生活用品之一,但它曾经有一段时间产品严重积压,公司面临绝境,而扭转这一切的,正是一条偶然得到的信息。

当时,公司经理李秀奕在与人闲谈时得知湖南正在平江县召开"以电代柴"规划会议的消息,当机立断,立即带产品赶赴平江,积极向与会人员介绍产品情况,打动了湖南省"以电代柴"试点县的同志,立即签订了一批订货合同,后来又开发出一系列配套产品。这样,靠着一条消息,这个公司不但扭转了企业的困境,还为企业发展开辟了更多的新途径。

事实上，有些信息是非常具有价值的，但因为人们的疏忽，总是不断地浪费掉了许多很宝贵的信息。要想利用信息机会，前提就是要善于观察生活。注意把信息与机会联系在一起思考，这样，信息才能被转成机会。

美国著名发明家兰德以其研制瞬时显像机而震惊世界，可有谁知道，这种显像机的诞生完全靠的是一条非常容易被忽视掉的信息，而这条信息则来自于兰德的女儿。

有一次，兰德给他的爱女照相，小姑娘撒娇说："爸爸，我要马上看到照片！"这样一句不知道曾被多少人说过的话，进到兰德的耳朵里，竟然成了一条非常重要的信息。于是，兰德立即着手瞬时显像机的研制，经过半年的努力，他终于获得了成功，并为这种瞬时显像机取名为"拍立得"相机，由于它能在60秒内洗出照片，所以又称为"60秒相机"。

如今，数码相机遍布全球，兰德和"拍立得"的故事也被永载于相机史。

所以，我们平时要注意观察生活，无论是从报纸图书上看到的，或从别人口里听到的东西，都要认真去思考，这于自己而言，到底是不是一条有用的信息呢？如果你确定这是一条非常有价值的信息，那么你就按照这条信息所指引的方向努力去做吧，幸运女神就在前方等待着你的到来。

我们在求职、择业的过程中，同样要把收集信息放在第一位，多一条信息，便是多一次人生的选择；多一条信息，就意味着比别人多一条出路；多一条信息，便是多一个改变一生的机会。

某名牌大学曾经有一名毕业生，在毕业求职的时候，感受到了竞争的压力，在所选择的单位中，不是人员过多，就是竞争激烈，眼看求职期即将结束，他仍没有找到一份工作，无奈之下，他只好独自一人走出校门闲逛。

在公共汽车上，他与一位陌生人闲聊起来，那位陌生人告诉他，自己刚从一家公司面试回来，但那家公司最终没有录取他。大学生灵机一动，认为这是一条有价值的信息，于是继续与陌生人聊了下去。原来，有一家电脑公司刚刚成立，百废待兴，正处于招兵买马的时候，因为公司规模尚小，除了在公司门口贴了一张招聘广告之外，再也没有做其他任何宣传。

听完这些，大学生立即下了公共汽车，直奔这家公司而去，凭着自己名牌大学的出身和计算机专业的文凭，他最终获得了这份工作。而今，他已经是这家公司的副总经理，主管程序设计工作。

事实上，在我们每一天的生活中，接收到的信息有千千万万条，而在这些信息中有价值的少说也有数百条，能够抓住的，至少数十条，每一天都有这么多机会在你的周围徘徊游荡，难道你真的还没有意识到吗？

掌握了信息，便是掌握了自己的命运，所以，要想成为捕捉机会的高手，前提就是要成为收集信息的专家。

许许多多的信息每一天都在与我们擦肩而过，这实在是令人十分惋惜的事情，成功者与失败者之间很重要的一点区别就是：能否意识到这些信息中所蕴藏的价值、所包含的机会。

小细节造就完美

在日常工作中,只有注重细节才能提高工作质量。成功职场人士的共同特点就是善于发现被别人忽视的细节,能把每一件小事做到完美。

老子曾说:"天下难事,必做于易;天下大事,必做于细。"意思是说,如果你想要成就一番事业,就必须从简单的事情做起,从细微之处入手。

世界著名的快餐企业麦当劳的成功就是一个靠注重细节成功的典型企业。麦当劳的外卖快餐在细节上做足了文章,从包装到餐具都以人为本,为顾客的方便着想。正是由于麦当劳当初对细节的追求,这才有了现在餐饮行业的巨无霸。一个看不到细节或者在思想上就不把细节当回事的人,从本质上说是一个对自己的工作和企业缺乏责任心的人。对自己所继承的事业缺乏认真的态度,对自己肩上的担子敷衍了事,这种人是成不了气候的。而考虑注重细节的人，不仅认真对待工作，将小事做细，而且注重在做事的细节中找到机会，从而使自己走上成功之路。麦当劳总裁弗雷德·特纳说："我们的成功表明，我们竞争者的管理层对基层的介入未能坚持下去，他们缺乏的是对细节的深层关注。"

在现实工作中，注重细节无疑是提升工作质量的一种有效途径。比如，在测算产品的能源消耗率时，你要熟知产品的生产流程和工序，公司现有哪些计量器具，计量器具在某个工序中的分布情况如何，使用时间是多少，能源的耗用量是多大……如果任何一个环节或者参数你没有考虑到，都有可能得不出精确的结果。而结果准确与否直接关系到产品的品种以及是否能够达到国家的环保要求，所以这项工作看似简单却不轻松。这就要求我们用心工作，把细节问题考虑周全，抓住每一个细节。

人生最精彩的片段莫过于战胜自己，让我们从现在开始，端正态度，关注细节，坚持每天进步一点点，在细节中提升工作质量。

张颂大学毕业后，进入了一家民营企业。由于聪明能干又非常勤奋，张颂很快赢得了老板的赏识，获得了很多参与重要项目的机会。

一次，张颂所在的公司与另一家公司商谈一个项目。经过初步洽谈后，对方要求张颂所在的公司提供一份详细的项目计划书。老板把这个任务交给了张颂。因为对方是大客户，公司上下都十分重视，张颂自然也不敢怠慢，花了不少工夫，一连好几天加班加点。当张颂把项目计划书交给老板时，感觉自己应该是交上了一份满意的答卷。

过了几天，张颂被老板叫进了自己的办公室。看见老板表情严肃，张颂知道肯定是项目计划书出了问题，但他不禁有点纳闷，项目计划书的内容自己仔仔细细地检查过很多遍，应该不会有问题啊!

只见老板打开项目计划书,指着目录那一页问:"为什么不把索引对齐?索引的页码字体为什么有的是粗体,有的却不是?"他接着往后翻,又指出了一些排版上的小毛病。最后,老板说了一句让张颂印象深刻的话:"越是细节之处,越能看出一个人的职业素养。客户要是看到我们在细节上疏漏不断,还会信任我们公司提供的服务吗?"

实际上,微不足道的小事、不起眼的细节,正在悄悄地改变着我们的前途和命运,对细节的忽略将来有可能让我们懊悔不已。在漫长的职业生涯中,如果我们想要稳步向前、不摔跟斗、不走歧路,用心处理好细节,在细节处做到完美,是一个重要的原则。

万事多留心,拒绝被陷害

初入职场,很多人都会有一种感觉:工作后,生活没有学生时代那么单纯美好了。学生时代,可能也会有一点儿不高兴的事情,但工作后,人们的利益纠纷多了起来,"心眼"也都长了不少。被别人打了小报告,结果别人说的全是捏造;熬夜找资料,却遭到无中生有的批评;被别人散布谣言,说贪污公款……此类被陷害的事情,可能屡见不鲜。

人们都说办公室斗争非常黑暗,别人有心或者无意多说一句话,就可能有人要遭殃。背黑锅,当替罪羊,被骂被炒,都不在话下。一个小职员摊上这种事情的时候,苦水也只能往肚子里咽,没有人能够出头来主持公道。

女孩汪萱,刚毕业,英语一般,但找到一份在外企当助理的工作。一次,她把一份重要材料弄丢了,如果不及时找回,项目的进度就会被拖延。好在资料第四天就找到了,项目进度才没受影响。

这事情本可以不上报，但是平日里就看她不顺眼的张姐表示这件事要往上报，连上报的邮件都写好了。汪萱想资料已经找到了，上司知道顶多怪自己没有保存好。她看过邮件，觉得没问题就同意发送了。谁知，邮件刚发，汪萱就被上司叫到办公室里臭骂了一顿。

问题就出在这封英文邮件上。关于丢文件这件事，英文应该用一般过去式表示，但是邮件里却用的是现在完成式，这下意思就变成了"文件丢了，还没有找回来，结果项目进度被拖延了"。

被诬蔑、攻击、造谣，生活中可说无奇不有，在有利害关系、人际关系复杂的职场、商场和官场里，对手的设套、敌人的故意栽赃，更是难以预防。有心计的人，哪怕是用一个简单的英语时态，一个不注意签错了的名字，都可以为他人挖一个陷阱。

怎么办？抱怨、愤怒、找人对质、找上司陈述冤情？运气好了，有票据、文件或证人能帮你解围，运气不好，那真的是会遍体鳞伤。有时候，哪怕有证据帮助自己解围了，也换不回上司的一个好脸色，因为人家毕竟是上司。面对无法辩驳的诬陷，甚至有人选择以死证明自己的清白。结果，死了的人不但丧失了挽回事业、家庭的机会，那些怀疑他的人反而都会认为他是畏罪自杀的，人生的清誉越发变浊。

虽然说："我们不可能让所有人都满意。"但是，在职场中，声誉是非常重要的，尤其是被别人诬陷，上司也误会了我们的时候，我们的职场生涯可能会就此打住，甚至丢失了饭碗。马上就该升职的李丽，受到同事散布谣言，说最近工作总不认真，偶尔还贪污公款。明明没有的事情，但是上司还是决定暂停李丽的升职。查来查去，半年后，清白是有了，但是这件子虚乌有的事情却让她的职场生涯蒙上了阴影。

当一个人受到陷害时，不能一味忍让，而是要抓住机会证明自己的清白。

刘颖把自己的策划案交给上司，上司觉得非常满意，然而，某个同事悄悄给上司发了个邮件，说："刘颖的创意是抄袭其他同事的。"整个邮件描述的细节绘声绘色，上司便信了。于是，刘颖受到了极其严厉的批评。

面对上司的不满和经常主动帮助自己做工作的好姐妹兼同事的那份策划案，她哑口无言，没有办法证明自己的清白。让她感到伤心的是，自己的好姐妹竟然做出这种事情！

但她在这件事情里得到了教训，后来，她在做另一个案子的时候，明面上还是和那个同事一起做，但暗地里她把早就做好的策划书交给了上司。这次，同样的事情，再次发生，她才得以证明了自己没有抄袭。

正是由于陷害我们的人，我们的理智头脑才得以被唤醒。当一个人被陷害的时候，越是要谨言慎行，智慧冷静地分析问题，不要气急败坏。很多人面对上司的无端指责，往往会失去理智地随意指责他人，或者说上司不辨是非，颠倒黑白，这种"太岁头上动土"的行为会更加让自己失去信任。

进入职场，那种有什么说什么的纯真学生时代就过去了，对周围的人事都要清醒冷静。"害人之心不可有，防人之心不可无"，怀疑人很累，但是如果不去怀疑，不留个心眼，那么等你遭遇了"陷害门"事件，那就更累了。

工作的时候，为自己多留一份备份，多告诉同事一些自己的做事过程，接受别人帮助的时候，考虑一下别人的企图，万事多留个心眼，没有坏处。

留心细节,做生活的有心人

灵感会启发人们创造新意念、新发明。要想捕捉到你的"第六感"就必须注意细节,注意常人漠视的小事。

19世纪德国医学家罗伯特·科赫,在医学实践中深刻意识到:必须对病原细菌进行全面深入的研究,才能设法消灭病原细菌,防止人体受到感染。

但是,由于细菌体积极小,又透明无色,在当时条件下,即使使用最精密的显微镜也很难观察和分辨各种细菌的形状和特征,为彻底消灭它带来的重重困难,他陷入苦苦思索之中。

突然有一天阴云密布,天黑得像锅底,紧接着电闪雷鸣,一场大雨片刻即至。望着窗外雨中的闪电,罗伯特·科赫意识到闪电之所以那么明亮耀眼,那是因为有漆黑如墨的天空为底色的反衬。那么,把无色透明的细菌放在一种深色颜料中,不就能观察得清楚了吗?

他先后用了几十种染料做实验，结果都不理想，尤其是染色液很难在玻璃片上凝固。

他向一位药剂师请教，这位药剂师告诉他，有一种叫苯胺的蓝色染料很容易在玻璃上凝固。经过实验，他终于获得了成功。

细菌染色法的发明，使人们揭开了细菌的种种神秘面纱，从此对细菌病原体的研究跨进了一个新时代。

罗伯特·科赫由闪电在阴云密布的天空中显得格外明亮耀眼这一细节，创造出了将无色透明的细菌放在深色的染料中使其"现身"的创新方法。

现代社会竞争激烈，似乎能想到的竞争招数都已出齐，然而，仍有人灵机一动，新招数不断出世。

美国有位叫米曼的女士。她发现，她穿的长统丝袜老是往下掉，如果是逛公园或去公司上班，丝袜掉下来是多么尴尬的事，就算偷偷地拉也是不雅之举。又想，这种困扰，其他妇女也一定会遇到，于是她灵机一动，开了一间袜子店，专门售卖不易滑落的袜子用品。袜子店不大，每位顾客平均可在1分半钟内完成现金交易。米曼目前分布在美、英、法三国的袜子店多达120多家。

碰到袜子往下掉了的女士何止千千万万，但能够触发灵感要开一间袜子店，解决这小小尴尬的人却寥寥无几。由此可见，生活中做个有心人，将会受益无穷。

医疗用听诊器也是这样发明的。200多年前，法国医生拉哀奈克一直希望制造一种器具，用来检查病人的胸腔是否健康。有一天，他陪女儿到公园玩翘翘板，偶然发现，用手在翘翘板的一端轻敲，在另一端贴耳倾听，竟能清楚地听见敲击声。这位医生得到启发，回家用木料做成一个状似喇叭的听筒，把大的一头贴在病人的胸部，小的一头塞在自己耳朵里，居然清晰地听见病人的胸腔发出的声音。这便是世上第一部听诊器。

这些具有创造力的人无疑是聪明的，但并非天才。他们所面对的启示别人也能遇到，只不过他们能迸发出灵感的火花，而别人依旧茫茫然。这都是因为他们很敏感，联想丰富，很留心身边的一切事情，是个生活的有心人。

留心意外，也就是要留心细节，在科学家伟大的发明或发现中，有一半以上是因为意外创造的，而这些意外，都促成了这些科学家的成名。

1895年，德国物理学家伦琴有一次在研究阴极射线管的放电现象时，偶然发现放在旁边的一包封于黑纸里的照相底片走了光。他分析可能有某种射线在起作用，并称之为X射线。经过进一步实验后，这一设想被证实了，于是伦琴意外地发现了X射线。

伦琴为此于1901年荣获首届诺贝尔物理学奖，然而，事实上在伦琴之前已有不少人碰到过这种机会，如1879年的英国人克鲁克斯、1890年的美国人兹皮德和詹宁斯以及1892年的勒纳德和德国一些科学家都面临过同样的机会，但他们却忽视了这一细节，有的埋怨自己不小心，有的以为这与自己的研究课题无关，因此错过了发现X射线的机会。

千万不要以为留心细节只是科学家的事情，事实上，如果你真的用心了，机会就会来临，甚至于有时你想挡也挡不住。

意大利曾经有一位年轻的穷学生叫保罗，有一天，他拿着一封介绍信，走进罗马佛奇康图书馆，求见馆长，想谋取一份暑期工作。在等馆长时，他信步走到书架房，浏览各种图书，其中一本精装本《动物学》引起了保罗的兴趣。当他翻阅到最后一页时，发现有一行用红墨水写的小字，告诉读者到罗马一个继承法院去请求取出M号文件。在好奇心的驱使下，保罗来到了那个法院。原来，该书作者鉴于无人肯欣赏他的著作，一气之下，便把他的著作全部烧毁，仅留下一本赠送给佛奇康图书馆，并立下遗嘱把他的全部财产赠给他的第一个读者。保罗因此一举成为拥有400万里拉财产的富翁。

事实上，机会总是隐藏于意外事件中，留心细节，就是留心机会，抓住细节，便也抓住了机会。

利用机会，首先要随时警觉它的出现，一旦来临，就要抓住它所传递的重要信息和有价值的线索，追根究底。法国化学家和细菌学奠基人在论述丹麦的奥斯特偶然发现电磁感应的故事时，曾深有感触地说："在观察的领域中，机会常光顾细心的人。"一语道破了善于捕捉机会的奥秘。

二是要能把相距很远的事物联系在一起思索。

美国发明家威斯汀豪为了创造一种能够同时作用于整列火车的刹车装置时，搜肠刮肚都未能想出。后来他在一本杂志上意外地获悉，挖掘隧道时驱动风钻所需的压缩空气是用橡胶软管从800米以外的空气压缩机送过来的；他从中得到启发，发明了气动刹车装置，这一发明为威斯汀豪带来了崇高的荣誉和滚滚的财源。

三是在别人不留心的地方做文章。司空见惯，习以为常的事，一般人会疏忽，大专家、大学者也会疏忽。

法国人李比希是19世纪最杰出的化学家之一。1825年李比希从法国著名化学家盖吕萨克那里学成归来，年仅22岁，便已是吉森大学的教授。

一天，一个制盐工厂的熟人给他送来了一瓶浸泡过某种海藻植物灰的母液，请他分析鉴定其中的化学成分。经过一番处理，李比希从中提炼出某些盐类。他又将剩下的母液与氯水混合，再加一点淀粉试剂，母液立即呈蓝色，这说明母液中含有碘化物。第二天一早，李比希又拿起这溶液来看，发现在蓝色的含碘溶液上面还有少量的棕色液层，这液层是什么呢？他并没有进一步深入研究，想当然地断定它是氯化碘，于是马上贴上标签，实验便告结束。

一年以后，一个与李比希同龄的法国青年巴拉，因为家境贫寒，一面在当地学院读书，一面在药学专科学校实验室当助手。他没有轻信李比希的结论，而对棕色液体进行多方试验，结果发现了一种化学性质与氯、碘极为相似的新元素"溴"。李比希因为自以为是、忽视细节，与一个重要的机会，也是一个重大的发明失之交臂。为了永生不忘这一深刻教训，李比希每当指导学生实验时，就将"氯化碘"标签拿出来，告诫学生不得粗心大意，而应留心细节的发现。

敏锐地发现人们没有注意到或未予以重视的某个领域中的空白、冷门或薄弱环节，以小事为突破口，改变思维定势，你将步入一个全新的境界。

WE
HAVE
BEEN
WORKING
HARD

PART 4

会说话
的人，

一句就能顶
一百句

有人说过这样一句话:"眼睛可以容纳一个美丽的世界,而嘴巴则能描绘出一个精彩的世界。"

而会表达的人,懂得用最准确、最简单的词汇表达自己的想法;用最委婉的言辞软化对方强硬的态度。他们的语言有逆转风云的力量,有感化人心的魅力。

请积极地赞美别人吧

赞美之于人心，如阳光之于万物。在我们的生活中，人人都需要被赞美，人人都喜爱赞美。这绝不是虚荣的表现，而是渴望上进，寻求理解、支持与鼓励的表现。爱听赞美，出于人的自尊需要，是一种正常的心理需求。经常听到真诚的赞美，如同自身的价值获得了社会的肯定，有助于增强自尊心、自信心。

马克·吐温曾说过："只要一句赞美的话，我就可以充实地活上两个月。"喜欢被他人赞美是人的天性之一。当我们听到别人对自己的赞赏，并感到愉悦时，不免会对说话者产生亲切感，从而缩短彼此之间的心理距离，人与人之间的融洽关系就是从此时开始建立的。

如果我们每次见面都被人夸赞，自然而然地会想再见到这位赞美我们的人，这是任何人都会有的心理。因此，每次见面都找出对方的一个优点来赞美，可以很快地拉近彼此间的距离。

法国总统戴高乐1960年访问美国时，在一次尼克松为他举行的宴会上，尼克松夫人费了很大的心思布置了一个美丽的鲜花展台——在一张马蹄形的桌子中央，鲜艳夺目的热带鲜花衬托着一个精致的喷泉。

精明的戴高乐将军一眼就看出这是女主人为了欢迎他而精心设计制作的，不禁脱口称赞道："女主人为举行一次正式宴会一定花费了很长时间来进行这么漂亮、雅致的计划和布置。"尼克松夫人听了，十分高兴。

事后，尼克松夫人也夸赞戴高乐说："大多数来访的大人物要么不加注意，要么不屑为此向女主人道谢，而他总是想到和提到别人。"

在以后的岁月中，不论两国之间发生什么事，尼克松夫人始终对戴高乐将军保持着非常好的印象。

可见，一句简单的赞美话，会带来多么美好的事情。

赞美他人是一种良好的修养和明智的行为。赞美是人际交往中最便宜的"投资"，它投入少、回报大，是一种非常符合经济原则的行为方式。赞美领导，会让领导更加赏识与重用你；赞美同事，能够联络感情，使彼此愉快地合作；赞美下属，能使得下属更积极地工作；赞美商业伙伴，能赢得更多的合作机会；赞美男友或丈夫，能使两人更加甜蜜；赞美朋友，能赢得崇高的友谊。

人人皆有可赞美之处，只不过每个人的长处有大有小、有多有少、有显有隐罢了。只要你细心，就能随时发现别人身上的"闪光点"。

罗琳是一位公务员，她每年都会应邀参加本地发行量最大的杂志评定工作，虽然报酬不多，但是能被邀请本身就是一件荣耀的事情。很多人都想参加，但是找不到门路，也有的人仅参加了一两次。但是罗琳却很幸运，这让很多人都很羡慕。

等罗琳退休的时候，有人问她有什么奥秘时，她微笑着向人们揭开了谜底。罗琳说，她的专业眼光和职位并不是每次都能入选的关键，她之所以每年都能被邀请，是因为她懂得赞美他人。她说，在公开的评审会议上一定要把握一个原则：多称赞而少批评。但是在私下，她会找来杂志的编辑人员，告诉他们工作中存在的一些缺点。这样一来，编辑人员在她的巧妙评定下，每个人都保住了面子。因此，罗琳受到大家的普遍欢迎，主办方和杂志方都很满意。

我们可以看到，罗琳在公开表扬之后还会巧妙地指出失误，使得她受到大家的欢迎。

人人都有爱听好话的心理，即使明知道别人说的是奉承话，心里也免不了会沾沾自喜，这是人性的弱点。一个人听到别人对自己的赞美后，一定不会感到厌恶，除非对方说得太离谱了。赞美的魅力是无穷的，但是，最有效的赞美是在背后赞美他人。

背后赞美他人要比当面恭维他人效果好。你完全不用担心你所赞美的人会听不到你的赞美，相反，你对对方的赞美，很容易就会传到对方的耳朵里，对方也会因此对你产生好感。

背后赞美他人不会让你沾上奉承的色彩，你的这种赞美是发自内心的，是诚恳的，会更容易让人相信和接受。

赞美必须是发自内心的，如果只是为了讨好对方或出于某种动机而对他人说些好听的话，那么你将得不到好的效果，甚至会引起对方的反感。

赞美必须实事求是。比如对漂亮的女孩，可以称赞她美丽；对于不漂亮的女孩，可以称赞她优雅大方；如果一个女孩既不漂亮又缺少些气质，可以称赞她可爱；如果一个女孩并不可爱，则可以称赞她聪明伶俐……

归根结底，赞美艺术的根源在于：人们喜欢赞美他们的人；

人们不喜欢反对他们的人。

另外，要懂得欣赏周围的人和物，即赞美之前首先要了解对方的优点，否则，赞美就会变得僵硬、不真实。

从今以后，请积极地赞美别人吧！大胆地把你的大拇指伸出来赞美别人，只要你懂得并善于运用赞美的艺术，你就会成为一个受欢迎的人。

女孩子的幽默是一种高雅的风度

聪明的人不一定幽默,但幽默的人一定聪明。卡耐基说,不懂得开玩笑的女人,是不会生活的,没有希望的人。

英国著名作家阿加莎·克里斯蒂同比她小13岁的考古学家马克斯·马温洛结婚后,有人问她为什么要嫁给一个考古学家,她幽默地说:"对于任何女人来说,考古学家是最好的丈夫。因为妻子越老他就越爱她。"这一巧妙的解释,既体现了克里斯蒂的幽默感,又说明了他们夫妻关系的和谐。

英国思想家培根说过:"善谈者必善幽默。"幽默的女人魅力就在于:话不需直说,但却让人通过曲折含蓄的表达方式心领神会。第二次世界大战结束后,英国女皇伊丽莎白到美国访问。当记者问她对美国的印象时,女王回答道:"报纸太厚,厕纸太薄。"一句话让记者们哄堂大笑。但笑过之后,人们发现了伊丽莎白语言的意味深长。幽默不仅是女人的说话技巧,更是女人的一种智慧,这种智慧中蕴涵着一种宽容、谅解以及灵活的人生姿态。

幽默往往是女人有知识、有修养的表现，是一种高雅的风度。大凡善于幽默者，大多也是知识渊博、辩才杰出、思维敏捷的人。她们非常关注有趣的事物，也懂得开玩笑的场合，善于因人、因事而开不同的玩笑，能令人耳目一新。

艾伦和安娜是一对刚结婚不久的小夫妻，两个人身上的棱角还没有被磨平，依然由着自己的性子互不相让，总是小吵小闹。

一天傍晚，丈夫艾伦打开电视机要看球赛，安娜立刻挡在电视机前，大喊："不许看，你都连续看了N天的球赛了，该陪我一天了吧。"说着便关上了电视。

艾伦原本挂着笑容的脸骤然色变，也忍不住对安娜大喊："你这是胡闹，我爱看什么用你管？你爱干嘛干嘛去，快给我闪开。"艾伦的言辞的确有些过分，这让安娜备受打击，甚至开始认为艾伦不爱她了。

安娜转身离开，艾伦接着看自己的电视。

当时的电视正在报道世界杯赛况，画面里一个南非的清洁工正在清理场地。这时，安娜灵机一动，走过去对艾伦说："你快看啊，他们在清理场地哎，你知道吗？那些牙齿可不好找了呢，看他们多认真！"开始艾伦没有反应过来，明白过来后随即哈哈大笑起来。

就这样，一个小幽默化解了夫妻间的小矛盾，两人有说有笑地一起看着世界杯，恢复了以往的甜蜜。

说话幽默的女人，对于生活的态度总是积极向上的，自身也是充满力量和自信的。因为只有内心满怀希望，才能由衷地发出笑声、彰显魅力。跟这样的女人在一起是轻松的、快乐的、有情调的。

幽默是一种真正的生活智慧，是经历了动荡和挫折，依然保持的一种乐观、积极、决不轻言放弃的人生态度,既不自怨自艾,也不妄自菲薄,现代女性的魅力往往因此而生。一个懂得幽默的女子往往看上去会更加性感,因为这意味着她聪明、善解风情,并且还有勇敢的自嘲精神。

幽默可以使女人在交际场上压倒别人,还可以缓解沉闷紧张的气氛,使大家拥有一个快乐、融洽、亲切、祥和的氛围。幽默是上天赐予女人的美丽法宝,不仅能传递出她们心里的欢愉,也是她们赠送给世界的一份美好礼物,可以让身边所有的人保持愉快心境的同时,也深深折服于女人的美丽智慧。

如果一个女人很聪明,说明她很有智慧;如果一个女人吸引别人,说明她很有魅力;而如果一个女人懂得幽默,那么就说明她很有人气。而这样的女人无疑是最有气质的,她幽默的话语不仅可以让异性折服,也可以让同性乐意和自己交往。因此,具有幽默可以让女人在气质上更有人气。

蔚蓝是个很幽默的女人,她常常一两句幽默的话都可以让大家笑上很久。也就是因为这样,她的身边总是有很多的朋友。

一次,几个朋友约好了要去看望高中时候的班主任。可是大家在外面等了好久,换衣服的蔚蓝一直都没有出来,足足半个小时后,她出来了。"磨叽什么呢?不知道我们都在等你吗?"蔚蓝明显看出大家不高兴了,于是就带着哭腔说:"我的衣服又瘦了,对不起啦,改天得把衣服喂胖点了。"

当她把这句话说完的时候,大家都笑了,甚至连刚才还在埋怨她的人也开心地笑了。于是,大家一起高兴地去看班主任了。

生活中,大家都愿意和有幽默感的女人交谈。因为,有幽默感的女人会让别人感觉到亲切,交流的时候可以很快乐而没有拘束感。懂得适时幽默的女性,在交际的过程中所散发出来的智慧让他人情不自禁地向她靠拢。卡耐基认为,女人即便没有魔鬼的身材，华丽的装束，只要她善于运用幽默，那么她也可以成为众人的焦点。

其实，女性的幽默魅力在于，拐个弯说话，让别人通过含蓄的表达来心领会神。善于创造幽默的女性，无论是在职场中，还是生活中，都会让女性自我缓解很多压力，笑对人生，拥有一份有人气的魅力。

许多人认为幽默是上帝赋予的先天能力，后天无法获得。其实，幽默是可以学习的。生活中幽默无处不在，你得睁大眼睛、竖起耳朵，去观察、去聆听。当你有足够的技巧和用创造性的言语去表达你的幽默时，你就会发现不但自己置身于幽默世界中，人际关系也由此顺畅了起来。

做一个用心的倾听者

一个人了解另一个人是很难的一件事,这就像我们在为自己的未来奋斗,在憧憬着今年能拿到多少钱,过两年投资点什么,但我们很难分心去想遥远的第三世界有人因缺水而皮包骨头,也很难了解那些刚刚遭遇地震、台风的人们,他们的心被怎样的痛苦侵蚀。

卡卡总觉得自己是一个很会安慰别人的人,每次朋友向他倾诉内心的委屈时,他都会说"我明白你的难处""我知道你很倒霉""我晓得",然后他也开始倾吐自己的苦水,告诉朋友自己最近工作不太顺利,喜欢的女孩还没有追上。到了最后,他们之间是各说各的,各有各的心事。事实上,朋友并不认为卡卡了解自己,而卡卡也不觉得朋友能听得进他的话。而且,朋友认为卡卡"根本不可能了解我的委屈,他是站着说话不腰疼,只不过在敷衍罢了!"

当事人向你倾诉的时候,他需要你听,希望你能给他指出一条好的路子,但他并不需要一个人只是嘴上说懂他的痛苦,但实际上并没有用心倾听。

不痛不痒地说"我懂你的委屈",不如感同身受地去倾听对方,做一个好的听众。以下有六个"倾听"的小规则。

规则一:在听对方说话的过程中,要始终保持一种积极的态度,这样做会营造良好的交谈气氛。你的态度越积极,对方越能感受到你的倾听兴趣,同时也越能准确表达自己的想法。相反,如果你在听话的时候表现出消极态度,总是动不动就说"我知道""我懂了"之类的话,对方就会很伤心,进而也不想和你交谈了。

规则二:全身心注意倾听。别人同你说话的时候,你要面向说话者,同他保持目光的亲密接触,同时注意姿态和手势,无论你是坐着还是站着,都要与对方保持最适宜的距离。

规则三:以相应的行动回答对方的问题。对方与你交谈要么是想使你改变某些观点,要么是渴望得到你的安慰理解等。总之,他是想得到某种可感的信息,这时,你要采取适当的行动,比如对方和你聊到他遇到工作瓶颈,如果有好的建议尽管告诉他,如果有能帮到他的书籍或者工具也可以提供给他。这本身就是对对方最好的回答方式。

规则四:倾听的时候,尝试着去理解对方,这包括理解对方的语言和情感,把自己假设为对方,站在对方的角度体会他的内心感情。

规则五:不要不懂装懂,没听见装作听见,也别逃避交谈的责任。作为一个倾听者,不管在什么情况下,如果你不明白对方说的是什么意思,你就应该让他知道你没听明白。永远别不懂装懂,那样早晚会被人识破。

规则六:要观察对方的表情。交谈很多时候是通过非语言方式进行的,那么,你不仅要认真听,还要注意对方的表情变化。比如看对方的眼神、说话的语气及音调和语速的变化等,同时还要注意对方站着或坐着时与你的距离,这有助于你更好地倾听对方。

在倾听对方说话的同时,还有几个方面需要提醒你:

首先,别提太多的问题。问题提得太多,容易造成对方思维混乱,说话时注意力不集中。

其次,不要在别人说话的时候神游。有的人听别人说话时,习惯考虑与谈话无关的事情,对方问他话的时候,他会不知所云,想不起对方刚才说了些什么,这样彼此交流就变得困难。

最后,别匆忙下结论。别人说话的时候,不管你是表示赞许还是反对,都不要急着说出来,不经过认真思考的判断和评价,容易让对方陷入防御状态,造成彼此间交际的隔阂。

短暂的口舌胜利，真的很幼稚

罗斯福曾经对公众说过这样的一句话："如果我的判断有75%是正确的，那么我的行事便会到达更高的期望。"朋友们，这样一个伟人都承认自己在判断上最高只有75%的正确率，那你我又当如何呢？

如果你确信自己的判断有55%的正确率，那么恭喜你，你可以跑到华尔街日进斗金了。如果你不能确定自己的判断率能否有55%是对的，那么当你处理一件事时，你不能，同时也没有资格去指责别人。要知道，当一个人用眼神、语言，或是手势指责别人的错误时，对方是很难接受他的意见的，而且他会认为这是一种对自己智力、判断、能力、荣誉等方面的侮辱。所以在这种情况下，大多数被批评者通常会进行反击，那么接下来就是我们不愿意看到的"争论不休"了。

很多人在与朋友交往的过程中，由于存在好胜心理，有时即使理亏也要与朋友争辩。然而，每个人都渴望被他人认可、承认，如果你常常在与朋友相处的时候与其争论，时间久了就会被认为是乏味无趣的人，让别人对自己敬而远之。

当你意识到自己的想法和意见与别人不同时，当你的言行遭人非议时，你的第一反应大概就是奋起辩驳，结果使得双方心生芥蒂，不欢而散。

在一个欢迎罗斯爵士的宴会上，大家谈笑风生，气氛非常融洽。期间坐在卡耐基旁边的一位先生讲了一个有趣的故事。而在这个故事中，他提到了这样一句话："无论我们如何粗俗，有一个神，就是我们的目的。"然后他非常自信地说："这句话出自《圣经》。"

这时卡耐基立刻意识到他说错了，因为他十分肯定这句话根本不是《圣经》中的，而是出自莎士比亚的笔下。于是，卡耐基就指出了他的错误。但这位先生不仅没有意识到自己的错误，还始终坚持自己的说法，并坚定地对卡耐基说："不可能！这句话不可能出自莎士比亚，它分明就出自《圣经》。年轻人，是你记错了吧。"

听到那位先生这样的话，卡耐基那种喜欢辩论的执拗劲儿又上来了，当场和那位先生激烈地争论起来。但是令卡耐基更加懊恼的是，卡耐基虽然知道自己所说的是正确的，但是却拿不出任何证据来。看着对方死不认错的样子，卡耐基简直气坏了，恨不得拿一盆凉水泼到对方的头上。

这时候贝琳达夫人刚好走了过来，贝琳达夫人曾经潜心研究过莎士比亚，她一定知道这件事谁对谁错。于是，卡耐基请贝琳达夫人来做个评判。贝琳达夫人坐到卡耐基旁边，她听完事情经过后在桌子底下用脚轻轻地碰了碰卡耐基，然后对大家说："戴尔，是你记错了，这句话不是出自莎士比亚，而是出自《圣经》。"随后，大家满意地举起酒杯庆祝这场辩论会的结束。

当晚宴结束的时候，卡耐基略带气愤地对贝琳达夫人说：

"你是知道的，这句话分明出自莎士比亚，为什么你要说我错了呢？"

贝琳达夫人微笑着说："戴尔，不错，这句话的确出自《哈姆雷特》第五幕第二场。但是我们只是一个客人，为什么要指出对方的错误，难道你这样做对方就会喜欢你吗？所以，我们应该保住对方的面子。记住，与人交往要避免正面冲突。"

的确，与别人争论不休并不是一件好事情，因为这并不能给我们带来任何利益。富兰克林就曾经说过这样一句话："如果你辩论、争强、反对，或许你有时候会获得胜利，但是这种胜利是非常空洞的，更重要的是你还会失去对方的好感。"这句话能给我们很多启示：短暂的、口头的、表演式的胜利并没有多大意义，只有那些能够长期获得对方好感的行为才是明智的。

与人做无谓的争辩不能给自己带来任何好处。因为即使你说的是正确的，也很难改变对方的思想，而且招人厌恶；但当你保持沉默、避免和对方发生冲突时，对方反而能够冷静地倾听你的意见，进而达到良好沟通的目的。

所以，一定要记住避免与人做无谓的争论。因为这除了给你带来更多消极的影响外，不会有任何积极意义。

贝蒂是一名服装设计师，她会将自己设计好的草图卖给服装公司或者生产商。自从三年前，她认识了一位厉害的服装公司老板，于是每周都登门拜访对方，希望对方能购买自己的设计图。这位服装公司老板从来没有拒绝过贝蒂，但是每次看完草图，他都会说："真对不起，贝蒂，你设计的产品不是我需要的。"

"到底什么样的设计才是他需要的呢？"在经历过150次失败之后，这个问题对贝蒂来说尤为重要。贝蒂觉得自己应该换一种做法，她冥思苦想了好久，终于想到了一个好办法。

那天，她带着几张没有完成的设计草图去见那位服装公司的老板。见面时，贝蒂说："我请你帮我个小忙，我这里有几张没有完成的草图，您能不能帮我把它完成，以便更符合你们的要求。"服装公司老板什么话也没有说，接过设计草图看了一眼，然后对贝蒂说："你先把这些草图留在这儿，过些天再来找我。"三天后，贝蒂小姐把那些设计草图带回工作室，按照老板的意见把它们重新修改。结果当她再拿着这些设计图见老板的时候，老板很痛快地全部买了下来。

后来，贝蒂一直用这个方法推销自己的设计草图，而这些草图大都被买了下来。现在她已经成为一位知名的服装设计师，而且还有了自己的服装公司。

曾经有人对贝蒂的成功感到迷惑，问其成功的秘诀，她是这样回答的："成功的秘诀很简单，就是理解和尊重他人的意见。我之前一心想把我的产品推销给服装公司老板是不对的。当我让他参与设计，让他自己成为设计人，他就能够买下自己设计的最满意的东西了。"

如果你总是过于直率地指出别人的错误，那么再好的意见也不会被人接受，甚至自己也会受到很大的伤害。因为你不但剥夺了别人的自尊，也让自己成为最不受欢迎的人。因此，如果你要使人信服，那么就得记住：永远要对别人的意见表示尊重。

准确地说出对方的名字

人们有个普遍的心理,就是特别在意自己的名字,希望别人都能尊重自己的名字,如果有谁把自己的名字弄错了或者拿自己的名字开玩笑,心里就会特别窝火,甚至心怀不满。另外,人们还有一种倾向,都渴望自己名扬后世,永垂不朽,也就是人们常说的"雁过留声,人过留名"。

从这些人性的弱点看来,人之爱名、好名可见一斑。我们在与人交往的过程中,如果你仅在第一次见面之后就能准确地说出对方的名字,对那个人来说,无疑是语言中最甜美、最重要的声音了,因为他觉得自己受到了你的重视,每个人都希望自己是重要的。

克莱斯勒汽车公司为罗斯福先生制造了一辆特别的汽车,张伯伦及一位机械师将此车送交至白宫。张伯伦在他的一篇回忆文章里这样记述:"我教罗斯福总统如何驾驶一辆装有许多特别装置的汽车，而他教我许多关于处理人的艺术。"

当张伯伦到白宫访问的时候，罗斯福非常愉快，总统直呼他的名字，使他感到非常惬意。给张伯伦留下深刻印象的是，总统对他要说明的事项真切地关注着。"这辆车设计完美，能完全用手驾驶，"罗斯福对围观的那群人说，"我想这车极奇妙，你只要按一下开关，即可开动，你可不费力地驾驶它。我认为这车极好——我不懂它是如何运转的。我真愿意有时间将它拆开，看看它是如何发动的。"

当罗斯福的许多朋友和同仁对这辆车表示出羡慕时，他当着他们的面说："张伯伦先生，我真感谢你，感谢你设计这车所费的时间和精力。这是一件杰出的工程！"罗斯福赞赏辐射器、特别反光镜、钟、特别照射灯、椅垫的式样、驾驶座位的位置和衣箱内有不同标记的特别衣框。换言之，罗斯福注意每件细微的事情，他了解这些有关情况是费了许多心思的。他甚至还对老黑人侍者说："乔治，你特别要好好地照顾这些衣箱。"

当驾驶课程完毕之后，总统转向张伯伦说："好了，张伯伦先生，我想我该回去工作了。"

张伯伦带了一位机械师到白宫去，并把他介绍给罗斯福。这位机械师没有同总统谈话，他是一个怕羞的人，躲在后面，而罗斯福听到他的名字也只有一次。但总统在离开他们以前，找到这位机械师，与他握手，叫出了他的名字，并谢谢他到华盛顿来。他的致谢绝非草率，确是一种真诚，张伯伦能感觉得到。回到纽约数天之后，张伯伦接到罗斯福总统亲笔签名的照片，并附有简短的致谢信，还对张伯伦给他的帮忙表示感谢。想着总统的时间之宝贵，但他却对自己做出如此细微的事让张伯伦感到惊奇和敬佩！

罗斯福知道一种最简单、最明显、最重要的获得好感的办法，那就是记住他人的姓名，使他人感觉重要——但有多少人这样做呢？

很多时候，我们被介绍给一位陌生人，交谈几分钟，在临别的时候，连那人姓什么都不记得。

名字是一个人的记号，代表着一个人的一切，荣与辱，成与败，高贵与卑贱，对于一个人来说，名字在所有语言中最突出。记住对方的名字，用最动听的声音，清清楚楚地把它叫出来，等于给对方一个很巧妙的赞美。而若是把他的名字忘了，或写错了，就会处于非常尴尬不利的地位。

记住对方姓名的手段在事业与交际上的重要性，和在政治上差不多同等重要。

安德鲁·卡内基被称为钢铁大王，其实他自己对钢铁的制造懂得很少。他手下有好几百个人，都比他了解钢铁。但是他知道怎样为人处世，这就是他之所以以一个门外汉的身份创造奇迹的原因。

他小时候，就表现出组织和领导的天才。当他10岁的时候，他发现人们对自己的姓名看得惊人的重要。而他利用这一发现，去赢得了别人的合作。卡内基孩提时代在苏格兰的时候，有一次抓到一只兔，那是一只母兔。他很快发现了一整窝的小兔，但没有东西喂它们。可是他有一个很妙的想法。他对附近的那些孩子们说，如果他们找到足够的苜蓿和蒲公英，喂饱那些兔，他就以他们的名字来替那些兔命名。这个方法太灵验了，卡内基一直忘不了。

几年之后，他在商界利用这个秘密赚了好几百万元。例如，当卡内基和乔治·普尔门为卧车生意而竞争的时候，这位钢铁大王又想起了当年那个喂养一窝兔子的经验。

卡内基控制的中央交通公司，正在跟普尔门所控制的那家公司争生意。双方都拼命想得到联合太平洋铁路公司的生意，你争我夺，大杀其价，以致毫无利润可言。卡内基和普尔门都到纽约去见联合太平洋的董事们。有一天晚上，他俩在圣尼可斯饭店碰头了，卡内基说："晚安，普尔门先生，我们岂不是在出自己的洋相吗？"

"你这句话怎么讲？"普尔门想知道。

于是卡内基把他心中的话说了出来——把他们两家公司合并起来。他把合作而不互相竞争的好处说得天花乱坠。普尔门认真地倾听着，但是他并没有完全接受。最后他问，"这个新公司要叫什么呢？"卡内基立即说："普尔门皇宫卧车公司。"

普尔门的目光一亮。"到我的房间来，"他说，"我们来讨论一番。"这次讨论改写了一页工业史。

卡内基这种用他人姓名为企业命名的做法，是他成为商界领袖的一大秘诀。

人的一生要记住的事情太多了，要想准确地叫出每个人的名字确实有点困难，但如果你真正做到了，就必然是一个受欢迎的人。因为任何一个人的名字，对他自己来说都是所有语言中最美妙、最重要的。同样，想要成为一个社交场合的明星，不妨从记住他人的名字这件小事上做起。

清者自清，浊者自浊

有人的地方就有是非，尤其是职场，人多嘴杂，滋生各种流言蜚语，有的人出于嫉妒，有的人想泄私愤，有的人想排挤他人……某公司对美国2429名员工进行了一项网上调查，结果显示，60%的人认为职场中的流言蜚语最让人无法容忍。相信国内上班族厌恶流言的程度决不比美国人差，但职场上的流言却一天也没有停止过。

我们没有能力去制止流言，却可以选择不被流言蜚语影响。

身为公司中层管理人的杜丽莎前一天下午做了一件一直以来困扰着她的事情，她把手下的一名员工给开除了。这名员工在公司任职一年，没有做出什么成绩，工作态度又不认真，迟到早退是经常的事，上个月因为他的疏忽使杜丽莎丢掉了一个大客户。杜丽莎出于无奈，只能选择让这个家伙走人。但是杜丽莎没想到的是，第二天，这名被她解雇的员工跑到了杜丽莎的上司家中，说自己之所以被解雇的原因是杜丽莎曾经对他有过性暗示,被他拒绝,因此杜丽莎怀恨在心,将他开除了。

杜丽莎听到以后非常气愤,公然在办公室打电话斥责被开除的员工,即便是老总找她谈话的时候她也表现得非常激动。

虽然这只是那个员工为了泄私愤撒的谎,但杜丽莎的愤怒让单位原本不知情的人都开始关注这件事情,流言很快传开,有的同事还添油加醋地说杜丽莎在办公室时的穿着打扮很性感,看起来就很风骚。

虽然老板相信杜丽莎的为人,但公司上下的流言让杜丽莎愤怒不已,为此她一心想揪住散播流言的人,每次在卫生间或茶水间一听到有人议论就立刻冲上去跟对方理论,这种吵闹的方式在公司造成更加负面的影响,也让同事对她的印象大打折扣,就连老总也多次找她谈话,请她注意处理问题的方式。

杜丽莎在愤怒和委屈中只得选择辞职,选择逃避那些让她情绪崩溃的流言。

类似于这样的有相当大的破坏力的流言虽然未必真实,但是却会在公司高层心中播下质疑的种子。不要小看别有用心之人的智商,只要他想,哪怕只是一个小小的谣言,都可能将你打入万劫不复之地,轻易摧毁你多年来在事业上经营的一切。而且,很多人可能会觉得在公司职位越高的人越容易得到保护,不会被流言击垮。事实正好相反,因为你的地位越高,隐私就会越多地暴露在众人面前,更容易成为卑鄙小人的攻击目标。

如果你已经陷入了流言的是非之中,那么要记住一点,很多人都会根据你的反应来自我判断流言到底是真是假——如果他们无法找到言之凿凿的事实依据的话。所以,在面对恶毒的流言攻击的时候,千万不要企图用怒火去抑制流言,怒火只会起到火上浇油的作用。

韩真真是一个特单纯的女孩子，就像她最钟爱的白色一样纤尘不染。大大的眼睛，白净的小脸蛋上每天都挂着微笑。刚刚大学毕业，22岁的韩真真顺利进入了重庆市某商贸公司，成了一名文员。

没有任何工作和社会经验的她，很希望尽快和大家打成一片。其实，公司的业务还是非常繁忙的，大家整天都忙忙碌碌。不过，韩真真很快发现，同事们有个坏习惯，那就是大家都喜欢聊些蜚短流长。

韩真真知道这样做不对，但是也不便当面制止他们。很多时候，同事们在不断地说，她只是安静地坐在一边。前不久，同事们在讨论老总是个吃软饭的家伙，一切都是依赖着娘家的支持。他们在口若悬河，她心底里却厌恶得不行。正在这个时候，老总出现了，一脸怒气地钻进了办公室。从此，老总再看到当时在场的几个人，都是一副冷峻的表情。

这无疑让韩真真刚刚开始的职场之路布满冰霜，她心焦不已。不过，她没有急于向老总解释，而是在闲暇时刻意和爱说是非的同事保持距离。比如午休，韩真真一个人百无聊赖，但是纵使趴在办公桌睡觉，也不再当"旁听者"。

渐渐地，老总终于开始信任韩真真，不再对她冷眼相对。而那些同事却因再一次无中生有，超越了老总心理承受的极限，在付给他们遣散费后，提前解除了他们的合约。

清者自清，浊者自浊。暴跳如雷，大吵大闹或一味为自己辩解，只能越描越黑，反倒给人留下一个浮躁的印象。保持冷静最重要的是要坚定自己的价值观，将别人的思想、看法和行为与自我价值分开。既然自己经过深思熟虑认为是正确的，就切不可被流言蜚语所左右，最聪明的做法，是让自己远离"是非"，做一个安静办实事的人，这样才能让自己走得更远。

当听到别人在背后胡编乱造你的坏话时，你可以毫不犹豫、理直气壮地直面出击，将其击倒，直接把流言消灭在婴儿期，不让流言威胁到自己的工作，同时还能起到一个威慑的作用。所以只要一出手，就不能给对方留任何喘息的机会，也千万不要姑息对方的感受，只要你动了恻隐之心，对方就会趁机反扑。如果无动于衷，职场的心理障碍将越来越大，自己迟早也会陷入走人的地步。

面对流言蜚语要冷静，要善于克制自己，听到有关自己的流言蜚语时，一般人都会产生强烈的情绪反应，打破原来的心理平衡，表现为语言过激，行为冲动，所以这时需要采取的是马上"行动"。但正确的做法是等自己的心理风暴过去以后，冷静下来，再做下一步的打算。面对流言蜚语的传播，如果一时说不清楚，不妨先回避一下，不予理睬，这样流言蜚语也许很快会平息。

说话做事要有度、有分寸

无论你喜欢与否，这个世界都会以它固有的方式出现在每个人面前，我们能做的唯有改变可以改变的，接受不能改变的。

如果你不能改变现状，就要迅速地接受它。切不可抱怨，保持积极的人生态度才会发现更好的机遇。去努力适应这个不是你想象中的世界，学会面对与接受那些你并不能认同的一切，这并不是消极地在世界面前躲避，恰恰相反，是让我们更能积极地影响世界！

一个云游的高僧送给至诚禅师一个紫砂壶，至诚禅师视若珍宝，每天都要亲自擦拭，打坐之余，便用紫砂壶泡壶好茶，品茶参禅，静心修佛。

有一天，至诚禅师与远道而来的高僧交流佛法，留下一个小和尚打扫他的禅房，小和尚拿着师父珍爱的紫砂壶仔细端详，一时失手，竟然将紫砂壶摔碎了。小和尚知道自己闯下大祸，于是战战兢兢地捧着碎了的紫砂壶，背着藤条，等到至诚禅师归来后，跪在佛堂前面请求处罚。

至诚禅师扶起小和尚，淡淡地说道："碎了就碎了。"

小和尚不明白："师父不是很珍爱这个茶壶吗？为何茶壶坏了您却满不在乎的样子？"

至诚师父说："茶壶已碎了，悔恨有什么用呢？悔恨能让茶壶复原吗？既然如此，何苦沉浸在悔恨中呢？"说罢依旧闭目参禅。

这个禅意故事告诉我们一个道理，面对生活中遇到的让人不愉快的事，我们应该学会拿得起放得下。就像至诚禅师启悟小和尚的话：茶壶已碎，与其悔恨倒不如想想现在该如何做好。

我们不妨来看看因在中央电视台讲《论语》而红遍大江南北的于丹教授的经历。

在很多人看来，像于丹这样的人，发展的过程肯定一帆风顺。但谁又想到，她刚毕业时的起点，远远比现在很多的大学生低得多！

当时，文学硕士毕业的于丹被下放到北京南郊一家印刷厂锻炼，她每天干的工作就是用汽油擦地上的油墨。而之前在学校，她每天和同学们都过着风花雪月、诗词歌赋的惬意生活，可现在不仅连一个字都看不到，还有很多体力活要干，手常常被油墨辊子磨出血，因此还经常被一些工人取笑。

换为一般人，可能根本就无法接受这样的事实：自己堂堂一个硕士生，第一份工作竟然是干这个！干吗要受这样的罪？可是于丹没有抱怨，而是选择适应，为了在工作中尽早体现出个人价值，她很主动地接受领导安排的工作。

有一次，车间主任拿着一份书稿，问他们谁能做校对。书稿很有价值，但里面都是古文，一般人看不懂。于丹主动接受了这项任务。

刚开始，主任对她的能力还将信将疑，但于丹和几个同学一起，仅仅花了一下午的时间，就把那本古文校对完了。这一来，于丹和几位同学在厂里的地位一下就提高了。因为心态放平了，做什么都不再觉得辛苦，反而会从中找到乐趣。对于这段时光，于丹一直怀着一份感恩之情，甚至把它视为自己真正读的一个博士学位。

于丹是在一次讲座中谈到这段往事的，当时，她对台下听众说了这样一段话：

"人不要不停地追问为什么啊，多不公平啊。我今年老听人家说，怎么就我们这拨倒霉孩子赶上金融危机了？我要说，在我们之前好像也没有带户口下放的，我们却赶上了，你能去改变现状吗？不能！所以要迅速地接受。在你迷惑不解、怨天尤人、怨声载道、到处追问的时候，有一些机遇已经被别人拿走了。所以要学会接受现状，但是接受永远不是消极、被动、唉声叹气地去忍受。"

任何一个人都想成为能说会道、把事情做得漂亮、积极生活的幸福人儿。有没有社交能力、办事水平，主要表现在能否把握说话尺度和办事分寸上。恰当的说话尺度和适宜的办事分寸是获得社会认同、上司赏识、下属拥戴、同事喜欢、朋友帮助和恋人喜爱的最有效的手段。

人生就像酿造美酒，酒有度而人生也有度，有过喝酒经验的人都知道，如果一个人喝酒经历较早，酒量就会很大，那么，相对来讲，他对酒的适应力也会增强。对于人生来说，未来会遇到什么，我们也许不知道，这就要求我们在做事时要把握好度，要有分寸，这样才能如行云流水，一切游刃有余。

领导毕竟不像一般同事，所以与领导相处，就更应该注意，平时说话交谈，汇报工作时，都要多加小心。特别是一些让领导不快的话，就更要注意分寸。

说话有尺度，交往讲分寸，办事讲策略，行为有节制，别人就很容易接纳你，帮助你，尊重你，满足你的愿望。因此要想获得社会认同、领导赏识，就应该掌握最恰当的说话尺度和适宜的办事分寸。作为下属，要想得到领导的信赖，嘴上说话一定要有个把门的，一定要把握好分寸。

不要嫌领导动作太慢。不经意地说："太晚了！"这句话的意思是嫌领导动作太慢，以至于快要误事了。在领导听来，肯定有"干吗不早点"的责备意味，这样的话在平时说来无所谓，在下属与领导共事时说出来就有失分寸。

让领导下不来台的话不要说。对领导说："这事不好办！"领导分配工作任务下来，而下级却说"不好办"，这样直接让领导没面子，一方面说明自己推卸责任，另一方面也显得领导没远见，让领导下不了台。

该说则说，不该说的千万别说。"我不清楚""不行拉倒，没关系"这类话是对领导的不尊重，缺少敬意。退一步来讲，也是说话不讲究方式的表现。

无所谓的话尽量要少说。对上级的问题回答："无所谓，都行！"这样的话说明对领导提出的问题根本没怎么在意，同时既显得对领导不够尊重，也有推卸责任的嫌疑。

说话要有技巧，沟通要有艺术；良好的表达方式可以助您事业成功，良性的沟通可以改变您的人生。我们与领导交流时，要注意管好自己的口，用好自己的嘴，要知道什么话应该说，什么话不应该讲。不知道所忌，就会造成失败，不知道所宜，就会造成停滞，我们在谈话中，就要懂得说话的忌讳。

做事有分寸真的很重要，这在团队中、企业中显得尤为重要。在一个团队中，如果成员能把握好自己的尺度，各尽所能就会有好的成绩。如果没有把握好分寸，团队内部互相拆台，把责任一股脑儿地推到别人身上，就会降低大家的信心和决心，这样往往把工作搞得一团糟，结果对所有人都不利。

当大家共同面对失败时，最忌讳的是有人说："我当时就觉得这办法不好，你应该负责那儿，我应负责这儿。结果弄成今天这个样子，如果照我的话做，绝不会是今天这种局面。"显然这种人是在推卸责任，或只是显示自己的高明，于事无补。

WE
HAVE
BEEN
WORKING
HARD

PART 5

我们
穿戴是为了
生活，

你的气质
源于他处

诚然，美丽的容貌、时髦的服饰、精心的打扮，都能给人以美感。但是这种外表的美总是肤浅而短暂的，如同天上的流云，转瞬即逝。如果你是有心人，则会发现，气质给人的美感是不受年纪、服饰和打扮局限的。

我到底适合穿什么？

人想衣裳花想容。女人如花，衣服是人的第二皮肤，对女性来说，无论是其衣服的造型还是制作，都要追求独具匠心，确立自己的着装风格，并通过这种创造演绎出一种令人难忘的个人风情。

服饰也有个性。要学会用能表现自己独特气质的服饰装扮自己，使装扮与自己相符，内在的气质与外表相一致，就看着"顺眼""舒服"。比如，文静偕清淡简洁、活泼伴鲜明爽快、洒脱宜宽缓飘逸、高傲忌繁复的装饰和柔和的暖色等等。你一定有过这样的经历，穿上一身得体的衣服，心情会立刻好起来，头不扬自起，胸不挺自高，步子迈得比平时轻盈，人也特别有信心，无论是走在街上、进到商场，或是在办公室，好像普天之下没有什么办不成的事。

其实，衣着打扮并不复杂，任何人只要肯留心，都能掌握最基本的要领。我们平时所讲的"风度"，就是内在气质与外在表现相互衬托、彼此辉映的结果。风格的形成越早越好，因为有了风格，你的体貌特征才能与服饰间出现规律性的结合，使你的形象给人带来无与伦比的贴切感。有风格还不怕老，因为越老风格越成熟、越突出。有风格一定会带来自信，因为风格是个性的东西，别人可以羡慕，却无法效仿，这样，你就可以成为时尚独立的载体。

生活中，我们很少将自身的特点及其穿衣风格统一起来，因此人们才会面临着无数的装扮烦恼：我该留什么样的发型，穿哪种款式的衣服，戴多大的耳环，穿什么样的鞋型，为什么今年流行的那款裙子我穿着不对劲，等等。你会发现这些烦恼都来自一个问题，那就是我到底适合什么。

我到底适合什么？要解决这个问题，首先要搞明白"我是谁"。

首先，你要了解自己的外形特征，这里分为外形的轮廓特征和体量特征；其次，要了解由自己的面部、身材、神态、姿态及性格等与生俱来的元素所形成的气质给人带来哪类的视觉印象，即周围人往往用哪类形容词来形容你，以此找到自己的风格类别；最后，通过对女性款式风格类型的理解去对号入座，按自己的风格类别去扮靓自己。

风格是每个人都拥有的，千万不要认为只有漂亮的女人才能谈风格。风格绝对是每个人自身散发出来的一种与生俱来的风度和气质，是你区别于任何其他人的个性标志，也是你要进行打扮的"底子"。无论你身材如何，五官如何，你都会有你确定性的风格和魅力。风格不是"我想怎么样""我要怎么样"，而是"我是什么样的""我就是这个样的"问题。因此，我们不用羡慕别人的身高和美腿，也不用模仿他人的发型，更不能盲目地跟随流行。不把"底子"弄明白就往上添加东西，结果可想而知。应该说每个人都有属于自己的美，也就是自己的个性魅力。只是人往往不知道金子就藏在自身，总到别人身上去挖宝，却不知道真正的宝藏就是自己。

人生若只如初见？

女人必须要化妆，至于化妆的好处，比如可以增加自信心，提升个人尊严，更主要的是美化容颜，让自己看起来更美丽更青春。

人的第一个感觉是对自身存在的感觉，即外表的第一印象。化妆正好显露出你自己，标识出你自己，因此显得至关重要。

那么，化妆对于女人来说究竟有多重要？

答案就在脸上。

一位窄长脸的女性把腮红涂在远离鼻子的地方，利用视错觉使脸看起来更丰满一些；而宽面孔的女性将腮红涂成垂直且模糊不清的一片则使脸部有效地"收缩"。恰到好处的眼影可以使双眼熠熠生辉，明亮有神，眼角的细小皱纹在粉底的修饰下已完全不露痕迹地消失了……

可以说化妆发展到今天，不再只是改善缺陷，它俨然已经成了一门独家艺术。

要了解化妆，首先要了解化妆品。我们都知道，不同类型的化妆品，有其各不相同的功能和特定的使用范围，因此职场女性在使用化妆品之前了解一下各种化妆品的具体用法，是很有必要的。不然的话，如果"张冠李戴"，误入歧途，则会让他人见笑，甚至会破坏自己的个人形象。举个例子，作为油脂性润肤膏的一种，香脂因为含有大量油脂，适合人们在冬季使用。将它搽于面部、手背与耳朵后面，不仅可以滋润皮肤、预防皲裂，而且还可以在一定程度上起到御寒防冻的作用。若将其使用于烈日当空的夏季，非但于化妆者毫无帮助，反而会堵塞皮肤毛孔，妨碍其排污、排汗，甚至会让化妆者看上去"油头滑面"。

化妆是什么？很多女性会说："就是涂口红，画眼影，刷睫毛那些活儿啊！"也对，但也不完全对。上述的化妆其实指的是重点化妆。化妆也分两种，一个是基础化妆，另一个便是重点化妆。基础化妆每个人每天都会进行，比如清洁、滋润、收敛、打底与扑粉等，具有护肤的功用。重点化妆是指眼、睫、眉、颊、唇等器官的细部化妆，包括：加眼影、画眼线、刷睫毛、涂鼻影、搽胭脂与抹唇膏等，能增加容颜的秀丽并呈立体感，可随不同场合来变化。要说最全面的化妆还包括：皮肤、毛发、指甲、牙齿、眼球五个部分的化妆。其中皮肤包括嘴唇，毛发包括睫毛。美妆师曾说："如果你把全套都仔细做下来，我绝对坚信你是举世无双的大美人，这就是化妆的魅力！"

一般来说，作为职场女性要完成一个全面的化妆大致都要遵从以上步骤。需要特别注意的是，化妆还有一些禁忌必须知道。比如，不能当众化妆或补妆。公共场合是不能化妆或补妆的。职业女性切忌在上班时间或一些公共场合化妆、补妆。常见一些女性，上班时间一有空闲，就照镜子，描眉画唇，这是失礼的行为，既不尊重自己，也妨碍他人。需要补妆要到洗手间或化妆间进行，不能在大庭广众之下当场表演。另外化妆的场合禁忌还包括：在吊唁、丧礼场合不可化浓妆，也不宜抹口红。

化妆不但需要结合场地，还需要结合你的服装款式，如果穿礼服则需要高雅，比如头发挽在颈后，妆容不宜过分浓艳；穿连衣裙时可以根据裙子款式选择相应的妆容，如果穿西装出席隆重的场合，最好精致简单为好。

化妆是每一位职场女性的必修课，在日常和商务礼仪中扮演着重要的作用，同时这也是女性对自己和别人最起码的尊重，应该给予充分重视。

香水是征服的"软"力量

女人的优雅除了表现在穿着和修养方面,香水也是一个不可或缺的元素。香水是无形的装饰品。善用香水,就是掌握了一种征服的"软"力量。与有形的修饰不同,它在空间上更加迅速有效地改变着一个人的形象,使得气质更加高雅,精神更加饱满。香水能够提升人的精气神。使用香水是文明之举、礼貌行为,体现出一种价值观。

不过香水种种,各有用项。羽西不主张随心所欲地乱用香水,她说:"要知道不同社会地位的人,不同职业的人,往往选用与之相契合的不同品牌和香型的香水。在国际商务交往中,要数中东人用的香水最浓,欧洲人用的较浓,北美人用的较淡,大多数中国人没有体味,不习惯外国人使用的香味浓烈的香水。我们则应选择适合自己环境条件特点的香水。"

香水与性格

一位香水业的专家说:"要学会选择香水,首先应了解你自己是属于哪一种类型的顾客。"如果你是办公室白领,可以选择如橙花、玫瑰花之类的香水,其香味少了份娇柔,多了份沉淀。女性的知性之美在你的身上绝对能够完美体现。如果你是性感女神,那些能够激发男人最原始本能的香水再合适不过,你可以选择混合了茉莉、玫瑰、檀香、香油树花等香味的香水,其花香味馥郁甘甜,有种难以言语的纵深感,而这抹香,只有懂得生活,有生活经历的女人能更淋漓尽致地发挥其魅力。如果你是一位高贵自信的女人,可以选择紫罗兰,并伴有淡淡的橙花和玫瑰香味的香水,在前调、中调和后调的香味中,令你时而妩媚撩人,时而清新脱俗,时而充满活力,如谜一般,难以捕捉。这正是致命的诱惑力。如果你是一位甜美俏佳人,比较常见的香水有葡萄柚、香柠檬和橙子,辅以小苍兰、铃兰、荷花、菠萝、西瓜和石榴汁等"混搭"而成,有的还不忘添加檀香、琥珀和白麝香等"性感"香氛。让你在乖顺之中又增添一份性感之美。

香水与场合

按香精含量和香气持续的时间,可将香水分为四种,即浓香型(香精含量为15%～20%)、清香型(香精含量为10%～15%)、淡香型(香精含量为5%～10%)和微香型(香精含量为5%以下)。它们的香气持续分别为5～7小时、5小时、3～4小时和1～2小时。按照常规,浓香型的香水适合在宴会、舞会、演出等晚间较为正式的活动场合使用。清香型的香水适用于商务交往场合,比如洽谈、会晤等。淡香型的香水适合工作场合。微香型的香水则适用于休闲场合,比如散步、旅游等比较放松的场合。出席的场合不同,也应该选择相对应的香水类型,在关键时刻那一抹若隐若现的香味可以为你增添神秘的魅力。

香水与季节

香水是以芳香为主要特征的化妆品,其主要功能为溢香祛味、芬芳宜人,但在不同的季节也有不同的用法。比如早春使用花香型、晚春使用果香型更能给人以新鲜感。夏季以清淡型香水为主，香水宜少洒、勤洒，只要经常保持淡淡的香气即可。秋季则是各种香型都适合，没有严格的要求。一到冬季选择香气浓郁一点的花香、动物香型的香水，会给人一种温暖、热烈的感觉。

雨天外面潮湿的空气会让香气快速弥散，这个时候选择一些淡雅的香水可以给自己和周围的人带来安详的情绪。如果你是一位运动达人，最好选用无酒精香水或者运动型香水，否则的话，跑步或者逛街之后，汗水与香水的混搭会让人对你敬而远之。

香水与用法

无论怎样的划分，香水只有挥发出来才能彰显它的独特魅力，因此香水的用法也是必须了解的知识。

一个女孩着急出去见客户，只见她从抽屉里拿出一瓶香水，给掌心里喷洒了很多，然后往头发上抹，往胸襟抹，往小腿上抹，最后将残余的香水用两只手搓搓，然后在浓郁的香味中离去。的确，香水发挥了它的作用，只是客户很可能从这一身不搭调的香味中判断出她是一个不懂香水的女人，那么势必对她的业务能力也会带来或多或少的怀疑。

可可·香奈儿说过，不用香水的女人没有未来。同样，不会用香水的女人也没有未来。香水的用法一般而言，喷在耳后、颈部和手腕，但不宜用在头发、衣物或身体汗腺部位。值得注意的是，不要反复摩擦，这样会破坏香水的分子，使香味难以持久。

天冷的时候，你可以在熨烫衣服的时候加一点香味，方法是在熨衣板上铺一条薄手帕，给手帕上喷些香水，然后再把衣服放在上面熨，这样余香会持续很久，无论你走到哪里都会将你的香味传递给对方，这无疑是最具个性的标签了。

微笑充满着魔力

不同种族、不同地域、不同文化的人们都能够理解微笑的含义。因为它是一种内心活动的自然流露,是人们对某种事物给予肯定后的内在心理历程,是人们对他人的理解、关心和爱,以及微笑者自身谦恭、友善、含蓄、自信的反应。它不需要翻译,却能架起沟通的桥梁。

有人把微笑这一"体语"比喻为交际中的"货币",人人都能付出,人人也乐于接受。微笑还能产生不可估量的经济效益。

有一首法国小诗这样描述微笑:"微笑一下并不费力,但它却产生无穷的魅力;受惠者成为富有,施予者并不贫穷;它转瞬即逝,却往往留下永久的回忆……"大家都知道微笑是世界上最美丽的表情,但如何微笑,准确地绽放这样一个美丽的瞬间,并将这样美好的表情参与到交往活动中,却不是一件容易的事。

生活中你会见到各种各样的笑,有皮笑肉不笑,有开怀大笑,有强颜欢笑,还有嫣然一笑,最美的莫过于微微一笑。时间不长，但可回味很久。这样的笑必定是发自内心的笑，真诚且友好，让人看了也会敞开心扉对你报之一笑，友谊就此确立。但有些微笑会让人觉得不舒服，比如一个人长时间看着你笑，你不会觉得他有问题，而是感觉自己哪里不对劲："这笑容够瘆人的。"如果有人对你正在微笑，却瞬间收回笑容，让你感觉戛然而止，你会很不适应。因此，微笑是一个自然流动的过程，两个人四目相接时彼此都展现笑容，这是表达友好最完美的方式。

不过每个人都有各自的生理和心理特点，展现出的美丽笑容也是大相径庭。有的人开朗、热情，笑时露出一排漂亮的牙齿；有的人内向、含蓄，笑时轻轻抿起嘴唇；有的人成熟、大方，笑时眼睛更会说话。朱莉亚·罗伯茨笑时几乎可以看见所有的牙齿，嘴角更是高高地扬起，谁又能否认这副笑容的魅力呢？

世界上最动人最美丽的微笑是发自内心的，而不是以露出几颗牙，嘴角上提到几度位置，眼睛变化成哪种形状来衡量的。

微笑充满着魔力。但即便如此，也是要根据场合需要而定，该笑的时候笑，不该笑的时候千万不能笑，否则你会给人留下一个"不识时务"的坏印象。在交往过程中，目光停留在对方身上的时间应该占整个过程的三分之一至三分之二，这段时间里与对方目光接触的时候应该展现出灿烂笑容。其余时间段内，应该适当地将笑容稍微收拢，保持亲和的态度就可以了。另外，还要使微笑富于层次的变化，根据交谈的内容和情形自如地收放笑容，并配合目光交流和手势、动作等，同时，要展现出个人的特点，使整个交往过程中的微笑表情富于动态的美感，给人留下美好的印象，促使交往成功。

如果你想成功，想成为一个备受欢迎的人，那么就一定要保持一个真诚自然的微笑，这是显示你的修养和守礼的重要途径。在经济学家眼里，微笑是一笔巨大的财富；在心理学家眼里，微笑是最能说服人的心理武器；在职场中，微笑更是社会交际中最正宗的脸谱。在不同的场合、不同的情况，如果能用微笑来接纳对方，可以反映出你良好的修养和挚诚的胸怀。

办公室不是私人花园

翘着二郎腿，吃着零食，看着电视，天南海北聊着天，甚至可以互相喝彼此杯子里的茶水饮料，有时评价过头对方也不会很在意，这些场景都是发生在最亲密的人之间，比如你的家人、朋友和爱人之间，但公司里是绝对不允许出现这些情形的，随意是大忌！

公司毕竟是公司，是竞争的地方，是工作的地方，任何的随意和疏忽都有可能铸成大错。办公室的公共礼仪可能大家多少都会知道些，但是对于办公室中的禁忌礼仪，可能很多人还不太清楚。

下面的禁忌一定要注意规避：

缺乏公共观念

小李的男朋友在外地，每天他们都要煲一通电话粥，长则一两个小时，短则二三十分钟。当然，恋人之间打电话无可非议，问题在于小李是用办公室的电话打的。每天下班后，等大家走得差不多了,小李就开始和男友打电话,从天气聊到吃什么再到公司大小的事,聊得不亦乐乎。时间长了,同事领导难免有意见,直到小李被总经理当面批评之后,她才就此收敛。可因为这件事给领导留下了一个不好的印象,恐怕她日后的晋升就成了一大难题。

单位里的一切公共设施都是为了方便大家,以提高工作效率,打电话也好,传真、复印也好,都要注意爱惜保护它们。然而有些人给好友拨个电话就聊上一两个小时,在办公室这样的公共场合,不但公物私用,还影响了他人的情绪和工作,实属不应该。

形象不得体

琳琅是个不折不扣的潮妹,流行什么她就穿什么,时间一长,她俨然成了办公室里的时尚先锋。爱美是女人的天性,得体漂亮的着装也会带给大家赏心悦目的快乐。问题是琳琅的衣服太扎眼,为了达到最好的效果,她又是做发型,又是喷香水,又是各种首饰项链,走过去花里胡哨像棵圣诞树。不但如此,她还在办公桌上摆着化妆品、镜子和靓照,有时还忙里偷闲地照照镜子、补补妆。这不仅给同事一种工作效率低下的感觉,而且在众目睽睽之下不加掩饰实在有伤大雅。

坐在办公室里,浓妆艳抹、环佩叮当、香气逼人、暴露过多,或衣着不整、品味低俗,都属禁忌之列。工作时,语言、举止要尽量保持得体大方,过多的方言土语、粗俗不雅的词汇都应避免。无论对上司、下属还是同级,都应该不卑不亢,以礼相待,友好相处。

偷听别人讲话

如果其他两人在私下谈话,你却停下手中活计,伸长两只耳朵听,或者是别人在打电话时,你两眼紧盯打电话的人,耳朵灵得像兔子,这些都会使你在别人眼中的形象大打折扣。

有时做这件事的人可能并无恶意,纯粹出于好奇,但给人一种非常不尊重的感觉。

沈玉在办公室的年纪比较小,也是刚入职不久,因为对大家都不熟悉,她希望通过多种方式了解大家。其中她最热衷的一件事就是偷听别人谈话。偷听本身已经不对了,她还将偷听的内容肆意传播,在同事之间大说"主任的性丑闻""同事某某的老公背叛了她""某某又骗着家人和情人去旅游度假"……

如果你极其热衷于传播一些低级趣味的流言,至少你不要指望旁人同样热衷于倾听。那些道不同不相为谋的同事迟早会对你避之唯恐不及。即使你凭借各种小道消息一时成为茶水房里的红人,但对一个口无遮拦的饶舌者,永远没有人会待之以真心。

随便使用他人东西

那些未经许可随意使用他人物品,事后又不打招呼的做法,实在显得没有一点教养。至于那些用后不归还原处,甚至经常忘记归还的人,就更低一档了。

陈芸是个大大咧咧的女孩,平时在办公室里随便惯了,因为无伤大雅,大家也都不去介意。可是有一件事情让大家很不舒服,就是她经常爱动同事的东西。比如放在桌上的一本时尚杂志,莫名其妙就不见了,然后若干天后,杂志又完好无损地躺在那里。类似护手霜以及签字笔的事情还算小事,有一次下班后她打开同事的电脑,她说她的电脑坏了,需要借用一下查阅资料。可是同事的电脑里还有一些保密文档,在对方不知情的情况下被陈芸阅览了。那件事之后,那位同事就不再和陈芸来往,之后不久,办公室的同事纷纷给自己的抽屉上锁,给电脑也加了密码。陈芸这才意识到自己犯下的错误有多严重了。

把办公室当自家居室

有很多同事吃不惯公司附近的饭菜,所以会自带午饭。也是因为公司有微波炉的便利,这已经成为公司习以为常的事儿。可有的同事煞有介事地把办公室当成自家小厨,热了饭再煮点小菜做汤,一顿挺丰盛的午餐有了,饭后将餐具之类随手一放。可下午上班后,同事们要在这间充满菜味的屋子进进出出,感觉实在不妙。

还有的同事会把自己的靠枕,甚至蚕丝被带到办公室,午饭之后躺在沙发上惬意地睡个午觉。视周围的同事于无形,反倒让大家感觉不自在。

气质是女人的经典品牌

女人的气质与年龄无关,与相貌无关,与金钱无关。那些走入气质门槛的女人,她们有了悟性,积聚了内涵,具有丰富感和空灵感,形成了风姿绰约的韵味。

有一位知名的画家,非常想画一幅天使的画像,他希望这幅画能别具一格,有自己的特色。这个画像不是人们经常看到的那样,而是来源于自己的想象。

他非常渴望能找到一个模特,这个人有天使的善良与修养,并有慈悲的气质以及亲和力。但一直找不到合适的人,直到他遇到了一个山村的姑娘。画家因这一幅画而名扬天下,那位模特也得到了不菲的报酬。

多年后,有人对画家说,你画了最美的天使,也应该画个最丑的魔鬼呀。画家认为说得很有道理,但到哪里找一位丑陋的人呢?他想到了监狱,终于在那里发现了一个理想的人,然而让他意想不到的是:这个人居然是以前做天使模特的女人。

当女人知道自己将被画成魔鬼时,失声痛哭。女人疑惑地问:"你以前画天使的模特就是我,想不到现在画魔鬼的模特居然还是我!"

画家不解地问:"怎么会是这样呢?"

女人说:"自从得到了那笔钱,我就离开了山村,到处游山玩水,后来还染上了毒瘾,把钱花完之后,为了满足遏制不住的欲望,就去骗人、做坏事,最后案发入狱。"

气质是女人的经典品牌,这是现代人的共识。相对美丽的容貌而言,气质则是厚重的、持久的。气质是文化底蕴、素质修养的升华。现代的女性越来越讲究"内外兼修",在气质的修炼上纷纷找准从"文化"入手的捷径。于是,女人的气质便演化为高贵、性感、情趣、妩媚甚至神秘,让人们在欣赏女人时怀着一种敬畏,一种仰慕。

气质是指人相对稳定的个性特征、风格以及气度。性格活泼、潇洒大方的人,往往表现出一种聪慧的气质;性格开朗、温文尔雅,多显露出高洁的气质;性格爽直、风格豪放的人,气质多表现为粗犷;性格温和、风度秀丽端庄,气质则表现为恬静……无论聪慧、高洁,还是粗犷、恬静,都能产生一定的美感。

美貌不等于气质,从美貌升华到气质要经过修炼和沉淀,著名影星张曼玉已经完成了一个女人从美丽到气质的升华。

张曼玉刚刚出道的时候,几乎没有什么特色,她的相貌也算不上国色天香。后来张曼玉拍了很多片子,给别人的印象是她是好看的、有灿烂笑容的女人。

后来,经历过人生的风雨之后,张曼玉懂得了,明星只是一时,而演员才是永远的。有了这种意识后,张曼玉懂得珍惜更多朴素的东西，从而变得更加豁达，更加深刻。她已经不再是刚刚进入娱乐圈时的那个花瓶了，她完成了从美丽到气质的升华，逐渐散发出一种让人难以抗拒的魅力。

正是这样从内而外的升华，使张曼玉成为炙手可热的明星。1991年的《阮玲玉》将她送上了事业的巅峰。在后来的《人在纽约》（又名《三个女人的故事》）中，张曼玉不瘟不火的表演令她迅速出线，成为耀眼的明星，也为她赢得了人生中的第一个奖项——第27届台湾金马奖"最佳女主角"奖。此后的她在戏里戏外都成了吸引人的女人，既吸引男人，也吸引女人。她那惟妙惟肖、出神入化的表演让她"浑身都是戏"，让人们忘了这是在演戏，仿佛就是发生在我们身边的故事。这正是张曼玉登峰造极的气质带给人心灵的震动。

当她从镁光灯下走出之后，我们看到的那个真实的张曼玉，身上兼有东方的素静神韵与西方的明艳光彩，从无虚饰与矫情，自然流露出她清澈而深沉的内在气质。

2003年，随着张艺谋的大片《英雄》在全国热映，人们看到了一个在大漠风沙中明艳逼人的张曼玉。人们不由感慨她风采依旧，年龄不但没有成为她演艺事业的障碍，反而成为她征服越来越多观众的内涵与气质。

张曼玉的气质来源于内心自我的清醒、独立的认识，时光沉淀下来的苦涩与神韵让她完成了气质的升华。银幕下的张曼玉无论在任何场合都是沉静的、微笑的，淡妆素服，不见一丝浓艳。她从不在媒体面前张扬，只是静静地微笑着。裙裾之间，女人的优雅尽在不言中；举手投足间，巨星风采翩然而至。

这种气质的女人就是花丛中的一朵嫣红，最后终于变成最精粹的一滴金黄色的花蜜，让你在惊叹中慢慢地回味。

气质美看似无形，实为有形。它是通过一个人对待生活的态度、个性特征、言行举止等表现出来的。一个女子的举手投足，走路的步态，待人接物的风度，皆属气质。朋友初交，互相打量，立即产生好的印象。这种好感除了来自言谈之外，就是来自作风举止了。热情而不轻浮，大方而不傲慢，就表露出一种高雅的气质。狂热浮躁或自命不凡，就是气质低劣的表现。

气质美还表现在性格上。这就涉及到平素的修养。要忌怒忌狂，能宽容谦让，能关怀体贴别人。宽容并非纵容，更不是逆来顺受，毫无主见。相反，开朗的性格往往透露出大气凛然的风度，更易表现出内心的情感。而富有感情的人，在气质上当然更添风采。

高雅的兴趣是气质美的又一种表现。例如，爱好文学并有一定的表达能力，欣赏音乐且有较好的乐感，喜欢美术而有基本的色调感等等。

气质美在于美的和谐与统一，在于对待事物的认真、执着、聪慧、敏锐，在于淡然之中透出明朗而又深沉悠远的韵味，在于她心中有一座储量丰富的智能矿藏，并且随着时间的推移，不断更新和积淀丰厚的内涵，任岁月荏苒，亦能给人一种常新的美丽。

时间再无情，也削不去"书女"的风姿

著名作家林清玄在《生命的化妆》一书中说到女人化妆有三层。其中第三层的化妆是多读书、多欣赏艺术、多思考、对生活乐观，培养自己美好的气质和修养，充实心灵，陶冶性情……的确，读书为女人带来了最美妙的时光，当她沉浸于书海中冥想或会心一笑时，可以称得上是人间最可爱的天使。

但凡优秀的女子，一般都有着良好的幼年教育，长大后，拥有一定的文化学识，才能拥有日后旺盛的才华与气场。

林徽因在民国初期就被认作"中国第一才女"，出生于书香门第的她不仅是诗人、作家，还有教授、建筑学家等光辉的头衔，她是一个集多种才气于一身、吸收了东西方文化之精华的一位新女性。

"你是一树一树的花开，是燕在梁间呢喃，——你是爱，是暖，是希望，你是人间的四月天！"这是林徽因创作的诗句，让

多少人低回吟咏，它成为这位奇女子才情的缩影。能够拥有如此成就，不是与生俱来的才能，这与她博览群书有很大的关系。

出生于杭州陆官巷的林徽因，父亲林长民是清末民初政坛上的风云人物，其大姑母伴她走过了启蒙教育时代。林徽因异母弟林暄回忆道："林徽因生长在这个书香家庭，受到严格的教育。大姑母为人忠厚和蔼，对我们姊兄弟亲胜生母。"这位大姑母为林徽因后来的成就埋下了最初的基石。

由于父亲时常在外，林徽因六岁大的时候就开始为祖父代笔给父亲写家信了。祖父去世后，父亲常在北京忙于政事，全家人住在天津，时年十二三岁的林徽因几乎成了家里的主心骨，早早地承担起了家庭的责任。定居北京以后，林徽因进入教会办的贵族学校——培华女子中学读书，这所教风严谨的学校令林徽因受到了良好的教育。

曾几何时，我们远离了书香，或忙于工作，或忙于家庭琐事，读书已经成为一件奢侈的事情。给自己一点点时间，让自己徜徉在书的世界里，在字里行间汲取营养，为自己的人生增添一份内在的韵味。

一本好书，就像一座灯塔，会在茫茫黑夜中给我们指明奋斗的方向。莎士比亚说过："生活里没有书籍，就好像生命没有阳光；智慧里没有书籍，就好像鸟儿没有翅膀。"由此可见，书籍在我们生活中多么重要。读书可以让女人更优雅，好书可以滋养人们的心灵，让你不断完善自己。

作家毕淑敏在《读书使人优美》中这样写道："读书是最简单的美容之法，读书是在聆听高贵的灵魂自言自语。想要美好的女人，就去读书吧！不需要花费太多的钱，只是需要花费很长的时间。可若能够持之以恒，优美就会像五月的花环，在某一天飘然而至，簇拥女人的颈间。"

不管是终日忙于工作，还是照顾家庭，这些都不该成为剥夺一个女人个人时光的理由。女人想要在岁月的冲刷中保持最初的光华，就要不时地充实思想，在床头为自己放一本书。

曾有人说，假如一个女人有十分的美丽，可若少了书的相伴，她就会失去七分的魅力和韵味。有一种女人虽算不上倾国倾城，却散发着独特的魅力，纵使素面朝天地走进浓妆艳抹的女人中间，也会格外地引人注目。她的吸引力，不在于外表，而在于那份深邃的气质，那份浑身洋溢的书卷气息。

有这样两姐妹，姐姐身材高，脸蛋美，如花似玉，但街坊邻居觉得她有些轻浮。妹妹个子矮，鼻子塌，邻居都叫她"丑小鸭"。姐妹两人长相有很大差距，个性也大相径庭，唯一相像的地方就是两人脸上都长有雀斑。

姐姐经常去做美容，每月的工资几乎都花在了美容上。她觉得脸上的雀斑是个遗憾，想尽办法遮盖它，然而美容却遮盖不住她心中的俗气，与其交往的人相处不久就会厌倦她，因为她眼中除了美容就是钱。

妹妹则喜欢读书，每逢假日必去书店。她的工资除了生活中必要的花销外，几乎都用在了买书上。她读了很多书。她从英国诗人艾略特的书中品尝出人生的深奥，眉宇间增添了思考的睿智；从海伦·凯勒的书中咀嚼出战胜自我的力量，从自卑的困扰中走了出来；从中国古典名著中学会了做人的谦恭，使她多了一分书卷气……

时间久了，妹妹的言谈举止中自然流露着一种脱俗的魅力，连她脸蛋上的雀斑也显得很俏皮。很多人都愿意与她交往，有一些疑难问题也都爱找她帮助，慢慢地，她的朋友也多了起来，在很多场合，她都成为大家关注的焦点。

高尔基说："学问改变气质。"读书是气质、精神永葆青春的源泉。读书是不分年龄界限的，年年岁岁都是女人读书的芳龄。知识是最好的美容佳品,书是女人气质的时装。书会让女人保持永恒的美丽。书更是生活中不可缺少的调味品,让你感在其中,品在其中,回味无穷。

当今社会,聪明的女人俯拾皆是,品学兼优、相貌端正、家世显赫、知书达理、个性温和的女子大有人在,她们不管走到哪里都是一道靓丽的风景线。她们可能貌不惊人,但却有一种内在的气质:幽雅的谈吐超凡脱俗,清丽的仪态无须修饰,那是静得凝重,动得优雅;那是坐得端庄,行得洒脱;那是天然的质朴与含蓄混合,像水一样柔软,像风一样迷人,像花一样绚丽……这一切都源于读书,读书好,好读书,读好书,女人修内首先要读书,读书可以汲取很多从古到今的精华。时间长了,我们的骨子里会增加更多的从容、淡定、自信与坦然,当岁月老去,收获的是从容与优雅。

她是一个很特别的女孩。无论遇到什么事,哪怕是他人摆出一副咄咄逼人的架势,她也从不会轻易动怒。她总是莞尔一笑,给人以岁月安好的宁静。她的心如水般平静,从不对谁说刻薄的话,也不会议论别人的是非,更不会在心里怨恨任何人。对于情感,她像是一朵洁白的雪莲花,不会给爱情附加任何条件,爱就是,简简单单,纯纯粹粹。

她的房间里,有一面书墙,摆满了各式各样的书。她最喜欢的是一套三毛文集。她说她向往三毛与荷西的爱情,看她的文字,就像领略一段别样的旅行,字字句句都透着真善美,透着对生活的热爱。这一切,无时无刻不在敲打着她的心。

她喜欢那些有深度的作家,就像毕淑敏,向来对生命存着敬畏和关爱,教她领悟活着的可贵以及珍惜的含义。看过《预约死亡》之后,她去了附近的临终关怀医院,从那里走出的时候,她满眼含泪,心情沉重之余多了一份对生命的敬重。

书架上的书,是她的天堂,是她的世界。渡边淳一的《失乐园》,塞林格的《麦田里的守望者》,米兰·昆德拉的《生命不能承受之轻》，西蒙·德·波伏娃的《第二性》，鲍·瓦西里耶夫的《哲理的黎明静悄悄》全是她的朋友，她的导师。

每读一本书，她都会精心写下一些感悟。这些感悟，或发在豆瓣上，或者自己收藏。她觉得，这是心灵的收获，是生命的无价之宝。

有书陪伴的日子，她觉得生命一直在被养分滋润着，吸取着天地间的精华，让心灵开出动人的花。书，是她精神上的导师，是她心灵上的翅膀，给了她一对能够自在翱翔的翅膀，也给了她水一样的温婉性情，透明却真实，温柔却不软弱。

她已经35岁了，有家，有孩子。可这一切，并没有打乱她的书香世界。她的书墙，就是她的精神领地，那是一个没有人能够占据的世界。她坚信，未来的十年、二十年，在书的滋养下，她会比现在更从容、更自信、更优雅。

书香中的女子是温和的、善良的、宁静的。书给了女人富有女人味儿的底蕴，给了女人温文尔雅与善解人意，令女人成为男人心目中永远亮丽的风景。

岁月沧桑，时光荏苒，摧毁的可能是女人的容颜，厚厚的粉底也无法掩盖逝去的青春，曾经的美丽已不再，再好的脂粉恐怕也难修饰布满皱纹的面容。但时间再无情，也削不去"书女"的风姿，也无法冲淡书香里走出来的女子的雅致和轻盈。

一个聪明的女人懂得从书本中增加自己的知识与见识。读书的女人是有魅力的女人，魅力是女人的护身符，它是比美丽更有价值的东西。女人的美丽会因岁月的漂洗而褪色，花开花落终有时，而女人的魅力却会因岁月的淘洗而放出耀眼的光华，会因岁月的深藏而散发出醉人的醇香。

WE
HAVE
BEEN
WORKING
HARD

PART 6

世间
诸般不美好,

均可
温柔相待

我们永远无法控制事情，比如生老病死、挫折失败以及各种不幸的降临，但是我们可以选择保持一个美好的心情。
　　无论如何，常用良好心态对待生活，也许一切都会变得简单、从容，快乐就会如影随形。

有人骂也是幸福

俗话说"脊背上的灰我们是看不见的",自己的毛病如果没有别人指出来自己也是不知道的。他人的批评正是我们改进的良机。有人把批评比作"伸向我们的一根跳杆",因为我们只有面对批评,并不断跳跃过它们的时候,才能越来越优秀。

松下幸之助曾经说过:有人骂是幸福。任何人都是因为挨批挨骂,才能向上进步。挨骂挨批的人,应有雅量把别人的责骂当作自己追求上进的依据,这样的批评才能发生效果。如果对批评反感,表示出不愉快的态度,就失去了再次接受良好意见的机会,以后我们的进步也就停滞了。

在罗斯福任美国总统期间,当他去打猎的时候,他就会去请教一位猎人,而不是去请教身边的政治家。反之,当他讨论政治问题的时候,他也绝不会去和猎人商议。

据说有一次,他和一个牧场工头外出打猎,他看见前面来了一群野鸭,便追过去,举起枪来准备射击。但这时那个工头早已看见不远的地方还躲着一头狮子,忙举手示意罗斯福不要动,罗斯福眼看野鸭快要到手,于是对他的示意没有理睬。结果,狮子听到枪声后跳了出来,窜到别处去了。等到罗斯福瞧见,再赶紧把他的枪口移向狮子时,已经来不及开枪,只好眼睁睁地看着它逃跑了。牧场工头瞪着眼睛,向他大发脾气,骂他是个傻瓜、冒失鬼,最后还说:"当我举手示意的时候,就是叫你不要动,你连这点规矩也不懂吗?"

面对牧场工头的责骂,罗斯福竟然接受了,并且以后也毫不怀疑地处处对他服从,好像小学生对待老师一般。他深知,在打猎问题上,对方确实高他一筹,因此,对方的指教于他确实是有益处的。

别人批评我们,大多时候是因为我们确实存在缺点,很多人在批评我们的同时,也经常会给我们一些意见。这样,我们所受的批评越多,进步的良方也就越多。由此可见,善于听取他人的意见,对于事业的成功是十分有益的,有时甚至是非常必要的。

曾经红极一时的电影演员迟志强,在影坛崭露头角之后,便恣意享乐,一意孤行,虽然师友领导多次苦苦规劝,但他却仍然固执地"走自己的路",最终触犯刑律,锒铛入狱;河北某青年不听朋友劝告,竟在一个不足300人的闭塞的村庄建起一座能容纳800人的电影院,结果是"门前冷落鞍马稀",最后电影院不得不改做养猪场……

查尔斯·卢克曼是培素登公司的总裁,每年花一百万美金资助鲍勃·霍伯的节目。他从来不看那些称赞这个节目的信件,却坚持要看那些批评的信件。他知道他可以从那些信里学到很多东西。只要是善意的批评,我们都应该勇于接受,乐于接受。

有时候,我们确实有可能受到不公正的批评,这时,我们也应沉住气,采取正确的处理方式,不年轻气盛,错上加错。

有一个企业，提前做好了人事调整的安排，老总跟秘书讲，千万不能透露消息，以免提前影响到大家的情绪。秘书同意了。

但是后来，很多人不知怎么竟然得知了公司的调整安排。在开会时，老总毫不留情地批评了秘书，说他向员工泄露了人事安排等事。老总的措辞有些严厉，秘书不能接受，他感到非常生气、非常丢面子，浮躁易怒的他情急之下跟老总顶了两句，讲了一些过火的话："大不了我就不干了！我根本就没泄露！"

公司里的其他员工都为他捏了一把汗。谁知老总并没有开除他，而是把他叫到自己的办公室里，耐心地对他说："我冤枉你了，是我不对。但以后，千万不要出现这样的情况了。无论批评正确与否，都要抱着'有则改之，无则加勉'的态度，耐心地听进去，有什么出入也要心平气和地讲清楚，怎么能一批就跳，意气用事呢？"

听了老总的话，他大受感动，主动承认了自己的错误。他同时还明白了接受不公正的批评也是一种有修养的成熟表现。

西方谚语说："恭维是盖着鲜花的深渊，批评是防止你跌倒的拐杖。"因为自尊心在作祟，人们大都不喜欢受到批评，但只有接受批评才能不断让自己进步，快速地找出自己的弱点加以改正。爱因斯坦非常看重他人的批评，他承认百分之九十九的时候他都是错的。面对批评，我们首先要控制情绪，理智分析，有则改之，无则加勉。

接受他人的批评不是不相信自己，而是更加勇敢，更有自信的表现。人本来就是学习型的生物，一个自信、勇敢的人乐于听从别人的意见，一方面是勇敢地承认自己的不足，另一方面也是自信能够从别人的意见中吸取到经验，寻找更多良方，寻找更好处理事情的方法。

虚心接受批评

生活中，总有很多人看我们不顺眼，用尖酸刻薄的话来侮辱刺激我们，我们把这样的人当成敌人。然而，罗契方卡说："我们敌人的意见，要比我们自己的意见更接近于实情。"如果有人批评我们，这时不要先替自己辩护。仔细思考敌人的话到底对不对，如果看我们不顺眼的人所指出的我们的错误确实存在，我们反而应该感谢他们。

当然，感谢看自己不顺眼的人非常困难。但这么想想可能就想通了：每个人都会遇上一眼就不喜欢的人。你有原因不喜欢对方，对方也有。这下，被别人看不顺眼，嫌弃了，这里面就有了值得你注意的问题。一般来说，喜欢的人会包容我们的缺点，所以在他们眼里，我们是完美的。但是，不喜欢我们的人，因为看不顺眼，所以总是会揪着我们的错处和短处，动辄得咎。不管怎么说，我们总是有短处和错误的，改掉就是了。

职场菜鸟章珊觉得前辈讨厌自己,根本不给她安排工作,就连开会也把她当成透明人。章珊不明白是什么原因,每天惴惴不安。原来半个月前,章珊当着上司的面,指出了前辈方案的缺陷。作为新人,章珊的行为使前辈的自尊受挫,还给人留下了爱出风头的印象,也难怪会被同事们孤立。怎么和上司或者同事相处,什么话该什么时候说,怎么说,什么事情该做,怎么做,都是一门学问。后来,她想明白了这一点,逐步改掉缺点之后,同事们的关系也逐渐好转了。

黄希虽然工作勤恳,但是能力不高,老实固执,上司对他很不满意,安排的工作是最初级的,涨薪幅度也是最低的。意识到这个问题后,黄希决定给自己充电,多学一点新鲜的知识,让自己快速发展。他明白:上司或者同事看你不顺眼,有时候不是无缘无故的,除了你能力不足,还可能是你不会待人处世。你不想被人冷落,那就审视自己,提升自己。

不同的人站在不同的立场,会有不同的看法。有时候,我们需要站在别人的角度上看看自己。自己果然错了,那必须改正。需要注意的是,这并不是要我们被别人的意见所左右,被那些闲言碎语所影响,做事应当坚持主见。别人的评价有对有错。我们要改变的是其中对的、值得我们去改变自己的那部分。其他的,我们无需改变,比如,有的人看见别人的发型就讨厌,这样挑刺的人,没有必要理会。

职场上也有"爱之深责之切"的事情,就是我们常说的"激将"。秦风工作不在状态,大意之下丢了几个本应该拿到的客户。上司为了激励他反思和上进就把他"冻起来"了。然而,秦风却觉得整个公司从上到下都看他不顺眼,一咬牙就准备辞职。拒绝正视自己的不足,这个缺点还会跟着他。

看我们不顺眼的人,促使我们不断完善自己。明白了这个道理，就应当正视他人的批评和冷言冷语，不断纠正自己，对批评我们的人说声"多谢指点"。真正对看自己不顺眼的人做出谢谢的表现，能更加完善自己的人格。

李特尔是18世纪德国地理学开创人之一，他慷慨地提拔年轻的批评者弗勒贝尔的故事是感人至深的。

李特尔非但不嫉恨和打击这位鲁莽的批评者，反而把他的批评文章推荐给一个著名的学术刊物，而且他本人还在公开发表的评论里，对这位青年学者的"敏锐头脑"和"真挚思想"大加赞扬。后来弗勒贝尔来到柏林，李特尔还热情接待，处处安排妥当。一位受人尊敬的学术权威，如此对待一位曾经毫不客气地批评他的后生，是否会使那些害怕甚至敌视批评的人觉得汗颜呢？

面对看我们不顺眼的人，与他们争得面红耳赤没有任何意义，最后说不定还会成为别人说三道四的把柄。不如表现得优雅些，我们做得好，没必要争，别人看得清楚，我们做得不好，就说声"感谢"。

听惯了谀辞的人常常狂妄自大，只有虚心接受批评的人，才能改正缺点，提升自己。所以，我们必须虚心接受批评，正视看我们不顺眼的人，让不顺眼变成一面矫正自我的明镜。

吃一堑,长一智

不少人以为只要自己坦诚相待,就能换取他人的真心。这是未出茅庐的幼稚看法。有人说:"人心比万物都诡诈。"确实如此,在社会上混,不知道什么时候,什么地点,就会遇见骗局,初入社会的人,因为见识较少,很难识破骗局,但在一次次的骗局中,我们却能吸取经验,锻炼自己的眼光。

一个发现自己被骗的人,往往咬牙切齿,多年之后,都可能对骗子怨恨难消,提起骗子依然咬牙切齿。但经过被骗的洗礼之后,大多不会再上第二次当。

新闻报道,黑车司机张军与研究生陈丽结识14天,就领取了结婚证。

陈丽是某大学研三学生,2月份,她要回成都过年,搭上了36岁的黑车司机张军的车。两人聊天很合得来。下车时,陈丽要付车钱。

张军却说:"只要你的手机号码。"

陈丽便把手机号留给了张军，两人聊来聊去，张军便向陈丽表明了爱意，并请她到江津玩儿。陈丽来到江津，张军带她四处游玩儿，没几天就向她求婚了。2月22日，两人到民政局领了结婚证。之后，他们在酒店里住了几天，张军紧接着却失踪了。

陈丽后来无法找到他，便根据他在婚姻登记处填写的住址，找到了张军的老母亲。她没想到的是，张母完全不知道儿子结婚，还说儿子去年才离婚。她常年在外打工，没什么文化，也联系不上儿子。陈丽觉得被骗，在找不到张军的情况下，向法院起诉离婚。

法院工作人员联系上在广西某建筑工地打工的张军，张军称："我生病了不能回来，你们让她帮我把在工地上欠的钱还清了，我就同意离婚。"

法院审理后认为，两人从相识至结婚仅14天，婚后生活仅两天，没能建立起真正的夫妻感情，婚后也无子女、无共同财产和债权债务，遂依法判决准予陈丽与张军离婚。

受到如此欺骗，怎能不长见识？一腔热情却遭遇感情欺骗，肯定伤透了心。事后，陈丽说这次的经历和教训，虽然会摧毁了她对美好爱情和婚姻的向往，却也让她知道了世界的复杂和人心的叵测，让她学会了保护自己。

在被欺骗后，我们的内心会瞬间成长，再也不是单纯无知、迷茫幼稚的小孩子了，而是拥有智慧、能保护自己的大人，这就是成长和蜕变。

被人骗，如果对方是自己最亲密最信任的人，感觉会更加痛苦，就好像不小心吃到只苍蝇，大倒胃口。但是，吃了苍蝇之后，便知道了苍蝇的恶心，同理，被骗过之后，便记下了骗子将要骗人时的迹象或者前兆，长了这样的经验，就不会再陷入同样的骗局。

一个单纯的人，不谙世事，总会把事情想象得很美好，不防备丑和恶。有个男孩千里迢迢到陌生的城市见网友，却被网友偷光了钱、骗走了手机；大学刚毕业的新人，第一份工作就被老板骗，试用期快结束时就赶人，骂骂咧咧地给几百块钱当安慰；爱上网的人，以为是中了大奖，占了大便宜，谁知对方的花言巧语不过是障眼法，你汇过去的钱不过是打水漂……

要完全了解一个人的心，恐怕比海底捞针还难。被欺骗了，只能说我们对这个人的认识还不够深，只能说我们的阅历还少。没有防人之心，那我们只能在被人骗了之后还帮人数钱。

假如没有小欺骗的遗恨，怎么能够增长眼界，避免大的骗局呢？因此，生活中，受到一些小小的欺骗时，不必纠结悔恨，为打翻的牛奶哭泣毫无益处，不如总结骗子的骗人方法，吃一次亏，让自己长一次记性。

"欺骗你的人，是为了考验你知人知心的眼光"，只有愚蠢的人才会被同样的骗局欺骗两次，只有可怜的人才会被同一个人连续骗。憎恨曾经欺骗或者伤害过我们的人，那只不过是拿别人的坏处惩罚和折磨自己。有时候，还要记得感谢，因为他们的欺骗给我们上了刻骨铭心的一课，在无形之中增长了我们的社会阅历。

失败的恋情换来成长

有个失恋的女人说:"经历过这段感情后,我才发觉自己以前根本不懂得爱。以为是爱,其实只不过是对伴侣不断的要求,要求自己被宠爱,要求对方服从……以前总是觉得自己是受害者,觉得永远是他的错,辜负了我的一往情深。但是,我后来发现是自己错了,他不是没有为我付出,是我辜负了这段感情。"

不懂爱情的姑娘总是喜欢另类的异性。比如,喜欢上发型古怪、成绩不好、脾气暴躁的人。喜欢的理由则是:喜欢你的与众不同。然而,经历过爱情伤痛后则会说:让这种男人见鬼去吧!

失败的恋情,首先是一种不幸,随后却是一种幸运。一个人能经历一段失败恋爱的旅程是有福的,他能从固执、迷乱、痛苦到开悟、平静和喜乐。这样的爱,没有白费生命和青春,而是为我们带来了最大意义——获得成长的机会,变得更加成熟。

张晨是一个模范丈夫,他很懂得爱他的妻子,这一切都源于一段失败的爱情。大学时,名不见经传的张晨赢得了系花胡玥的芳心。这大大满足了他的自尊心,甚至使他有了吹牛皮的资本。他说:"就是这种虚荣心断送了我和胡玥的幸福。这就是年少轻狂吧。"

五年后,虽然胡玥的父母看不上张晨,几次逼他们分手,但是胡玥还是顶住了父母的压力和张晨订了婚。

一天晚上,张晨和几个同事喝酒,酒酣耳热之际,不知谁起头说:"就不信你和胡玥感情真那么铁!不信就打赌,从现在开始你冷落她一个月,看她还跟不跟你好!"张晨头脑一发热就答应了,赌注是一顿饭。

谁知,当晚胡玥突然来找他,听大家说起打赌的事情,胡玥当时的脸色就白了,眼神也不对。可张晨在哥们儿面前不好示弱,又喝了酒,就只作满不在乎。僵持了很久,胡玥张口想说什么,却什么也没说,只是将订婚戒指拔下来掷还给了张晨。

后来的张晨说:"当时为了面子,我连一句挽留的话都没有说,她是含着眼泪离开我的。从那以后,她再也没有原谅我。"

拿千金不换的爱情赌一顿饭,用虚荣碾碎了恋人的心,这是不成熟的。后来,张晨成熟了,他说道:"我想清楚了另外一件事,当你拥有一份感情的时候,你一定要用心去对待它。"

初恋往往无法成功,是因为不成熟,没有能力让那场恋爱生存下来。据说,初恋结婚成功率只有千分之三。思想的不成熟和冲动导致了很多恋情无疾而终,甚至成为了伤痛的过往。所以,赵本山小品里说:"初恋,根本不懂爱情。"

有人说:"一个人至少有三次恋爱的经历。"《前度》的导演麦曦茵说:"每一个前度,都是一次成长。"爱情的失败让我们发现了自己的缺点,有了接受和改变自己的机会。感谢那些相爱过的人,他给过我们的不仅是爱,还有让我们成长的机会,让我们明白什么是爱。

不懂事的时候，觉得恋爱就是简单的两情相悦，喜欢就好。而这样单纯的爱，往往走不到尽头，或者到了最后被现实打磨得七零八落。唯有经历过几次，我们才知道自己想要的是什么，才能选一个适合的人地老天荒。这就是经历后的成熟。

李连杰曾经在《艺术人生》里谈及自己和前妻的婚姻。他说："因为太早出名了，年轻又不知道感情是什么，就知道这个女孩漂亮，那个女孩对我好，就这么简单。"

李连杰表示第一次婚姻的失败在于对爱情的不成熟，没有为爱付出。他曾经说："以前觉得被爱幸福，那是年轻人的想法，真正进入生活的时候，你爱他人的感觉真的是快乐的……我觉得是说你付出他也付出，他付出你也付出，需要彼此这样不断付出。"

有人说："离过一次婚的男人是个宝。"原因是经历过失败的爱情的人更加成熟。这也正是现在很多女孩子找对象都更愿意找一个比自己大一点的成熟男人的原因，她们明白和同龄或者比自己小的人交往你只能像照顾弟弟一样纵容忍受着他。而一个比自己大的男人，更沉稳、懂生活、有内涵，会更懂得照顾女人、经营家庭，更有可能过一辈子。

台湾漫画家朱德庸说过一句话非常有道理："失忆、失恋、失婚以至我们在爱情里所受的苦，都不过是一块跳板，令你成长。"失败的恋情是人生的一段经历，从中有所成长，这样才能对得起下一个真的珍惜自己的他。因为成长之后的爱情，才是更圆融的爱。

一次失败的爱情就是一次成长的机会。失恋并不可怕，可怕的是在失恋的泥淖中不能自拔！

150

人生最大的礼物是宽容

好胜心和自尊心人人都有。但在人际交往中，对一些非原则性问题根本没有必要计较。可有些人却不这样想，总是对一些皮毛问题争得不亦乐乎，非得说上点儿什么，谁也不肯甘拜下风，说着就较起劲儿来，以至于非得决一雌雄才肯罢休，结果大打出手，或者闹得不欢而散。此时若能给朋友一个台阶，满足一下他的自尊心和好胜心，不但可以使友情得以加深，还能显示出你的胸襟之坦荡、修养之深厚，以及绰约柔顺的君子风度。

有不少冲突都是由于一方或双方纠缠不清或得理不饶人，一定要小事大闹，争个胜负，结果矛盾越闹越大，事情越搞越僵。为人处事时，最好得理也要让三分，用宽容之心对待。

人生活在这个大千世界中，需要处理好人与人之间的关系，更需要与朋友友好地相处。如何才能做到这一点？通俗地说，必须用一颗善良的心来对待一切，时时检点自己，也就是要严以律己；同时，对人要宽容，得饶人处且饶人，也就是宽以待人。

一个人的成功很大程度体现在事业的成功上,而事业的成功则一半取决于人际关系的成功。在复杂的社交场合里,表现得太激烈,容易惹来麻烦;表现得太柔弱,又无法使自己占有一席之地。聪明的人要运用社交手腕得到好人缘,而得到别人的肯定,要学会如何与他人"以和为贵"地相处。

这里提到的"和"字,不失为一种处世的根本原则。释放自己,原谅别人,就是善待自己;宽容别人的过失,就是自己的荣耀。最幸福的人生,就是能宽容与悲悯一切众生。只有宽容,才能得到真正的自由。委婉的语气,使人感激;心存宽容之心,才能令人怀念。所以,理直要气"和",得理也要饶人。

社会生活无论多么复杂,说到底都是由人际交往组成的。它犹如一张网,每个人都是这张网上的一个结。不论自觉不自觉、愿意不愿意,人每时每刻都要处理各种各样的人际关系。给别人留一些余地,自己将得到一片蓝天;给别人留一条后路,自己才会有宽广的前途。与人方便,与己方便,这是一种气度,更是一种为人处世的艺术。

岁月总会留给记忆一些东西,很多不关注的事物会随着岁月的流逝慢慢淡出我们的视线。很多时候,争强好胜未必是好的处世态度,有些事情不必非要弄出个水落石出。

世界并非只有黑白是非之分,现实是多样化的,必须去适应,而不是等待它变化。委屈、忍让,是必须要经历的,也几乎是人人都必然经历的。从最初的张扬、心直口快、好胜,渐渐过渡到明白这些所谓的性格并不能适应这个现实的世界。有时候,对了不必炫耀,错了也不必沮丧,心知肚明即可,不必过于计较。计较除了增加心中的诸多不快之外,什么好处也没有。

人生最大的礼物是宽容。宽容是剔除了心中的私欲和杂念后的淡泊明志,是推己及人、以德报怨。宽容体现了人类超凡的爱心,没有爱心,谈不上宽容。试想一下,一个对世界漠然、对生活失望、对他人冷酷、斤斤计较、易怒、易恨、易嫉妒的人，怎能做到宽容呢？

清朝时，在安徽桐城有一个著名的家族，父子两代为相，权势显赫，他们就是张家张英、张廷玉父子。

张英在朝廷当文华殿大学士、礼部尚书。老家桐城的老宅与吴家为邻，两家府邸之间有个空地，供双方来往交通使用。后来邻居吴家建房，要占用这个通道，张家不同意，双方将官司打到县衙门。县官考虑纠纷双方都是官位显赫、名门望族，不敢轻易了断。在这期间，张家人写了一封信，给在北京当大官的张英，想要张英出面，干涉此事。张英收到信件后，认为应该谦让邻里，给家里回信中写了四句话：

千里来书只为墙，

让他三尺又何妨？

万里长城今犹在，

不见当年秦始皇。

家人阅罢，明白其中意思，主动让出三尺空地。吴家见状，深受感动，也主动让出三尺房基地，这样就形成了一个六尺的巷子，两家的礼让之举和张家不仗势压人的做法被传为美谈。

这就是宽容的力量。宽容是一种高贵崇高的境界，是精神上的成熟、心灵上的丰盈。

当然，宽容更是一种生存的智慧、生活的艺术，是看透了社会、人生以后，所获得的那份从容、自信和超然。随着经济社会的快速发展，人们的生活节奏在不断加快，工作压力也在不断加大。如果人人都能多一点诚恳，多一份宽容，就会多一份理解，多一份真善，生活中的酸甜苦辣也将化作五彩乐章。

以德报怨是一种选择

佛说:"原来怨是亲。"纵使别人怨恨我们,我们都要拿他当自己的亲人,都要感谢他。为什么呢?因为没有他人制造的"磨难",我们的心境就无从提高。

一位老人,为了让儿子们多一些人生历练,便对他的三个儿子说:"你们三人出门去,三个月回来,把旅途中最得意的一件事告诉我。我要看你们中哪一个所做的事最让人敬佩。"之后,三个儿子就动身出发了。

三个月以后,三个儿子回来了,老人就问他们每人所做的最得意的事。

长子说:"有个人把一袋珠宝存放在我这里,他并不知道有多少颗宝石,假如我拿他几个,他也不知道。等到后来他向我要时,我原封不动地归还了他。"老人听了之后说:"这是你应该做的事,若是你暗中拿他几颗,你岂不变成了卑鄙的人?"长子听了，觉得这话不错，便退了下去。

次子接着说："有一天我看见一个小孩落入水里，我救了他，他的家人要送我厚礼，我没有接受。"老人说："这也是你应该做的事，如果你见死不救，你心里怎能无愧？"次子听了，也没话说。

最小的儿子说："有一天我看见一个病人昏倒在危险的山路上，一个翻身就可能摔死。我走上前一看，竟然是我的宿敌，过去我几次想报复，都没有机会。这回我要置他于死地可以说是不费吹灰之力，但是我不愿意暗地里害他，我把他叫醒，并且送他回了家。"老人不等他说完，就十分赞赏地说道："你的两个哥哥做的都是符合良心的事，不过你所做的是以德报怨，彰显出良心的光芒，实在是难得。"

做该做的事，仅仅是不昧良心，但做到原来不易做到的事，却显出心胸的宽广仁厚。常人要想成就一番事业，都得经过九九八十一难，更何况我们追求的心灵修行？你若能悟，就能把加害、诽谤你的人当作亲人。

学会宽恕别人的过错，就是学会善待自己。仇恨只能永远让你的心灵生活在黑暗之中；而宽恕却能让你的心灵获得自由，获得解放。宽恕别人的过错，可以让你的生活更轻松愉快。

有句话说："佛印的心宽遍法界，即心即佛。"这句话是号召僧众要懂得宽恕，这样才能具有佛心，求得佛果。关于宽恕，有位作家说："当一只脚踏在紫罗兰的花瓣上时，它却将香味留在了那只脚上。"

有一个国外案例说的是：一位名叫卡尔的砖商，由于另一位对手的竞争而陷入困难之中。对方在他的经销区域内定期走访建筑师与承包商，告诉他们：卡尔的公司不可靠，他的砖质量不好，其生意也面临即将歇业的境地。

卡尔对别人解释说，他并不认为对手会严重伤害到他的生意。但是这件麻烦事使他心中生出无名之火，真想"用一块砖来敲碎那人肥胖的脑袋作为发泄"。

"有一个星期天的早晨，"卡尔说，"牧师讲道的主题是：施恩给那些故意让你为难的人。我把每一个字都记下来了。就在上个星期五，我的竞争者使我失去了一份25万块砖的订单。但是，牧师却教我们要以德报怨，化敌为友，而且他举了很多例子来证明他的理论。当天下午，我在安排下周日程表时，发现住在弗吉尼亚州的我的一位顾客，正因为盖一间办公大楼而需要一批砖，而所指定的砖的型号却不是我们公司制造供应的，但与我竞争对手出售的产品很类似。同时，我也确定那位满嘴胡言的竞争者完全不知道有这笔生意。"

这使卡尔感到为难，是需要遵从牧师的忠告，告诉给对手这项生意，还是按自己的意思去做，让对方永远也得不到这笔生意？

到底该怎样做呢？

卡尔的内心挣扎了一段时间，牧师的忠告一直盘踞在他心里。最后，也许是因为很想证实牧师是错的，他拿起电话拨到竞争对手家里。

接电话的人正是对手本人，当时他拿着电话，难堪得一句话也说不出来。但卡尔还是礼貌地直接告诉他有关弗吉尼亚州的那笔生意。结果，那个对手很是感激卡尔。

卡尔说："我得到了惊人的结果，他不但停止散布有关我的谣言，甚至还把他无法处理的一些生意转给我做。"

卡尔的心里也比以前感到好多了，他与对手之间的阴霾也消散了。

以德报怨，化敌为友，这才是你应该对那些终日想要让你难堪的人所能采取的上上策。

当你的心灵为你选择了宽恕别人过错的时候，你便获得了一定的自由。因为你已经放下了责怪和怨恨的包袱，无论是面对朋友还是仇人，你都能够报以甜美的微笑。佛法中常讲究缘分，在众生当中，两个人能够相遇、相识，那便是缘分。当你因为仇恨而与别人相识，不可否认的是，在你的心里已经牢牢记住了对方的名字，如果你因为整天想着如何去报复对方而心事重重，内心极端压抑，那么倒不如放下仇恨，宽恕对方。或许，因此你还可以多一个能谈心的好朋友。

我们再恨的人，如果有一天能找回自己的本心，踏上修行之路，他们所做的一切坏事，都会如同裤脚上的泥土一样，抖一抖就全掉了。如果他们真的能为自己的错付出足够代价，天都原谅了他，我们又有什么理由可以责怪他呢？

以德报怨，充满爱的精神，我们才能找到心灵的家园。

WE
HAVE
BEEN
WORKING
HARD

PART 7

你不
完美，

但是
你极其美好

其实，月圆月缺也只是受我们有限的视觉和感觉的欺骗，它原来就是同一个月亮啊。

对于完美人生的认识不也是同样的道理吗？只是人生道路的波澜起伏和阶段变化而已。

月圆是画，月缺是诗的境界。

破桶的不完美，成就了路边盛开的鲜花

很多人常常埋怨自己的生活不够美满，这也不如意，那也不舒心，因此心情郁抑、生活无味。其实，损伤和缺憾往往是我们进入另一种美丽的契机。不完美是生活的一部分，拥有缺陷是人生另一种意义上的丰富和充实。

我们每个人都有缺点，重要的是你如何看待它，如何能将这些"缺点"转化为"优势"，将这个"优势"好好运用、发挥，并得到更好的效果。实际上，有些缺点可能让你在不经意间就铸就一个美丽人生。

从前，有一位受人雇用挑水的农夫。

他有两个水桶，分别吊在扁担的两头，其中一个桶有裂缝，另一个则完好无缺。在每次长距离的挑运后，完好无缺的桶总是能将满满一桶水从溪边送到主人家中，但是有裂缝的桶到达主人家时，却只剩下半桶水。

两年来，农夫就这样每天挑一桶半的水到主人家。当然，好桶对自己能够送满整桶水感到很自豪，而破桶则对于自己的缺陷感到非常羞愧，它为只能负起责任的一半而难过。

终于有一天，饱尝了两年失败的苦楚，破桶终于忍不住了，在小溪旁对农夫说："我很惭愧，我必须向你道歉。"

"为什么呢？"农夫问道，"你为什么觉得惭愧？"

"过去两年，因为水从我这边一路漏掉了，我只能送半桶水到主人家。我的缺陷使你做了全部的工作却只收到一半的成果。"破桶说。

农夫替破桶感到难过，他带着安慰的语气说道："这一次，在我们回主人家的路上，我要你留意路旁盛开的花朵。"

走在回家的路上，破桶突然眼前一亮，它看到缤纷的花朵开满了路的一旁，沐浴在温暖的阳光之下，这景象使它开心了很多。

但是，走到小路的尽头，它又难受了，因为一半的水又在路上漏掉了！破桶再次向农夫道歉。

农夫温和地说："你有没有注意到小路两旁，只有你的那一边有花，好桶的那一边却没有花吗？我明白你有缺陷，因此我善加利用，在你那边的路旁撒了花种。每次我从溪边回来，你就替我一路浇了花。两年来，这些美丽的花朵装饰了主人的餐桌。如果你不是这个样子，主人的桌上根本不会有这么好看的花朵。"

正是因为那只破桶的不完美，从而成就了路边盛开的鲜花。由此可见，当生命中有不完美的事情时，不要悲观地怨天尤人，因为那只是一场徒劳。正确地认识这份残缺，不必苛求完美，只有这样，我们才会离幸福更近。

其实，人生没有完美的幸福可言，完美只存在于理想之中。因为任何事物都不可能达到完美的境界，如果每一个细节都要追求完美的话，那么很有可能无法更好地掌控全局。

从前有一位终日消沉的历史学家说:"如果我没有完美主义,那我只是一个平平庸庸的人。谁愿空活百岁,碌碌无为呢?"他认为成功者必须要有完美主义的精神。可实际情况呢?一个事事追求完美的人往往步步难行,对失败的恐惧能使他做事如履薄冰,也就根本不要谈做出了什么业绩。

完美主义也有可能会获得成功,但成功的到来却并不是因为有这些完美的标准。研究表明,强迫性的完美主义并不利于人的心理健康,反而会使工作效率降低,人际关系和自尊心也会受到损害,甚至会导致自卑和自我挫败。

完美主义经常会让人情绪紊乱,工作效率低下。原因之一就是他们以歪曲的、非逻辑的思维方式看待生活。完美主义者最普遍的思维方式是"要么全有,要么全无",另外,在人际关系中,许多完美主义者感到孤独是因为他们害怕自己会犯错误,从而使自己的完美形象受到影响。他们为自己的言行辩解,对别人却喜欢指指点点,评头论足。这样的做法常常伤害到身边人,和同事、朋友的关系深受其害,最终导致他们陷入被人孤立的境地。

有这样一个小故事:
很久以前,有一位完美主义的渔夫。
他每次打鱼都追求完美,只想打大鱼,打上来的小鱼都会放回去。
有一天,他从海里捞到一颗晶莹剔透的大珍珠,爱不释手。但美中不足的是珍珠的上面有个小黑点,美珠有瑕。渔夫想,如能将小黑点去掉,珍珠就完美了。
于是,渔夫将这颗珍珠剥掉一层。
可是,剥掉了一层,黑点仍在;再剥一层,黑点还在;一层层地剥到最后,黑点是没有了,然而珍珠也不复存在了。渔夫捧着满手的珍珠粉末痛哭流涕。"

渔夫想得到的固然是美的极致，但是在他消除所谓的瑕疵的同时，也让美消失在他过于追求完美的过程中。有黑点的珍珠不过是白璧微瑕，却美得自然、美得朴实、美得真切。美丽的真正价值并不在于它的完整，留有一点点的残缺，它能给人以无限的遐思，就如同缺失双臂的维纳斯，美丽也就在这样一种遗憾和遐想中成为极致。

要求自己时时保持完美其实是一种对自我的残酷，刻意去追求完美会使人疲惫不堪。偶尔也放过并不完美的自己，想想正是因为有了残缺，我们才有梦、才有希望。而当我们为了梦想和希望努力奋斗的时候，可以说我们已经很完美了。

我们都是被上帝咬了一口的苹果

世界上没有完美无缺的人,我们都是被上帝咬过一口的"苹果"。

他叫夏查·范洛,是比利时一个普通的盲人。他一直不明白上帝为何要这样惩罚他。从小时候起,他就不得不努力倾听周围的一切声响,来辨别方位,躲避危险。

他讨厌过马路,因为常常会撞到别人,或被一些车撞倒,这令他总是伤痕累累。

17岁那年,他撞在了一辆响着铃的自行车上。

骑自行车的女孩气冲冲地对戴着墨镜的他大声质问:"你为什么要故意撞倒我,看不见吗?"他当时身上也撞得很痛,就激愤地说:"是,我是个瞎子,怎么样?"

"铃按得那么响,不会用耳朵听吗?"女孩丢下这句话,扶起自行车愤怒地离开了。他愣在那里,回味着那句话,才突然想到了自己的耳朵。是啊，没有了眼睛，还有耳朵。这是上帝赐予他和别人一样的礼物，却很特别。因为，他的耳朵不仅要倾听，还要代替他的眼睛"看见"这个世界。

从此，范洛开始锻炼自己的听力。他不知吃过多少苦，流过多少汗，受过多少伤，但他一直没有放弃。十几年的艰苦练习，让他练就了天下无双的敏锐听力。后来他进入了警队。

他凭借窃听器里传来的嘈杂汽车引擎声，就能判断犯罪嫌疑人驾驶的是标致，本田还是奔驰；当嫌疑人打电话时，他能根据不同数字的按键声音差异，写出嫌疑人拨打的电话号码；在监听嫌疑人打电话时，可以推断出嫌疑人此时身处机场大厅，还是藏身于喧闹的餐馆，或是在呼啸的列车上。

由于听力超群，他可以辨别不同语言发音的细微差异，这让他成为一名优秀的语言学家和训练有素的翻译。他会说七种语言，包括俄语和阿拉伯语，他还自学了塞尔维亚语和克罗地亚语。可以说，他的脑子就像图书馆一样汇集了各种语言，正是这种语言能力使他成为警局中对抗恐怖主义和有组织犯罪的珍贵人才。

他从警的时间不长，但他利用听力的优势，屡立奇功，获得过各种奖励和荣誉，成为比利时警界里"失明的福尔摩斯"。

这位超级英雄手里握着的不是手枪，而是一根盲人手杖，他身边通常没有警车而是跟着一只导盲犬。

范洛从不忌讳别人说自己是个盲人，他常说："如果我能看到光明，我现在可能还是一个平庸的人。正因为我看不见，我才会专心努力地去听，结果我听到了别人无法听到的声音。"

有人说，上帝就像个精明的商人，从来不做亏本的买卖。他给你一分天才，就会搭配几倍于天才的苦难，这话说得一点都不假。

上帝发给我们每个人一个"苹果"，并在"苹果"上咬了一口，虽然苹果不完整了，但有的人还是把它当作上帝的恩赐。苦难和缺陷不也是上帝给我们的特别恩赐吗？它让我们细细品味，慢慢体会。苦难是人生的一门必修课，没有人能够逃避苦难。

人的一生总会发生一些难以预料的事，面对生活的不完美和不如意，我们既不能放弃自己，也不能苛求自己要完美、极致，我们所能做的就是勇敢地接受自己的不完美，不抱怨、不懊恼，怀着一颗包容的心看待生活给我们的不如意。

美国第26任总统罗斯福，小时候的他有着一副非常"抱歉"的容貌，参差不齐的牙齿、畏首畏尾的神态，别人常常因此嘲笑他。因为他有气喘的毛病，所以当他在教室里被老师叫起来背书，他的呼吸急促得像快要断气，两腿站在那里直发抖，牙齿也颤动得像要脱落下来，显得局促不安。他背出的句子含糊不清，几乎没人听得懂，背完后，便颓然坐下，就像是疲惫不堪的战士突然获得了休息。

也许你以为他一定会性格内向、文静怕动、神经过敏、不喜交际、常常自怨自艾，但是你完全错了，他没有因这些缺陷而气馁，反而因为有了这些缺陷而加紧了他的奋斗，这种奋斗并不是谁都能做到的。他经过长期的坚持和学习，把常常被人鄙视的气喘改成一种沙声，把齿唇的颤动和内心的畏缩改成卓越的口才和自信的行动。

当他看见别的孩子在操场上嬉笑、跳跃、东奔西跑、做着种种激烈的运动时，他也踊跃参加，从不退让。他和大家一样骑马、赛球、游泳、竞走，而且常常名列前茅，成为业余的运动家。他常常以那些坚定勇敢的孩子们为榜样，自己也常常体验冒险的精神，勇敢地对付种种恶劣的环境。当他和别人在一起时，他总是用亲切和善的态度去对待任何同伴，主动与他们接近。这样一来，他即使有着内向的自卑心理，也通过自己的行动克服了。他深知上帝从来没有创造一个标准的人，只要自己心境舒坦快乐，一切都将顺利得像预先安排好的一般。

缺陷造就了罗斯福一生的奋斗精神，这无疑是他经营一生伟业最可贵的资本。他没有把自己看作一个懦弱无能的人，在升入大学前，他就经常自我鞭策，用有节律的运动和生活恢复了他的健康，使自己变成了精力超众、强健愉快的人。他常常趁假期之暇到亚历山大去追逐牛群、到洛杉矶去捕熊、到非洲去捉狮子，看到他那种勇敢强壮的姿态，谁还会想到他就是那个曾在学校里受窘的小学生呢？

　　罗斯福因为有身体的缺陷，才有了奋斗的动力，才有了坚韧的毅力，这一切，又给他带来了人生的转机，缺憾成就了他一生的功名。事情往往如此，越是有缺陷的地方，越容易迸发勃勃的生机。

　　事事追求完美是一件痛苦的事，它就像毒害我们心灵的药饵，会让我们在痛苦和纠结中消耗时间和精力。就像罗斯福一样，与其顾影自怜，不如静下心来好好地数一数上天给自己的恩典。要知道，鲜花不是因为芬芳而圆满，而是因为既有芬芳又有凋谢才圆满；彩虹不是因为绚丽而圆满，而是因为经历了风雨，终现缤纷的色彩才圆满。

假如生活欺骗了你

比尔·盖茨说："生活是不公平的，你要去适应它。"的确，几乎是从我们出生的那一刻起，不公平就显现出来了，有些孩子降生在宾馆一样的病房里，一些孩子则降生在自家黑糊糊的炕头上。到了上学的年龄，一些孩子穿着新衣，背着新书包踏进了美丽的校园，而一些孩子却只能眼睁睁看着别人背着书包暗自伤神。该工作了，一些孩子凭学历、靠关系进了有名的企业，一些孩子没有学历、没有关系，只能以体力劳动来维持生活……

当然，大多数人没有前者那么优越，也没有后者那么凄惨，而是处在一个中间的水平，但是仍然能处处感觉到不公，自己的父母为什么是偏远地区的农民而不是城市里的知识分子？自己大学毕业的时候为什么偏偏赶上国家不再分配工作？为什么到了自己该成家立业的时候房价较前几年翻了数倍？为什么自己拼命工作，而老板却把晋升的职位给了他的亲戚？

生活中不公平的事情实在是太多了，很多人为此仇视不公平，背地里唉声叹气，指责抱怨，这或许能解一时之气，但不能改变实质，比尔·盖茨说的方法是"你要去适应它"，你是否曾考虑过如何适应这样的不公？

他出生在爱尔兰的一个贫困家庭。七岁的时候，他的父亲忍受不了贫穷，抛弃了他和母亲，而他的母亲没过多久也另结新欢。他成了一个名副其实的孤儿，只能靠自己养活自己。尽管生活艰辛，连温饱都成问题，但他心里却还盼望着有一天能进学校学习。

他卖了半年报纸，做了一年的鞋匠，赚了一笔钱后，正式进入一所中学就读。此后，他一边学习一边打工。生活的磨砺使他过早地开始成熟，有了一种少年老成的气度。十八九岁时，他进入了一家戏剧学校学习表演，然后他参演了一些电视剧的拍摄，但始终都是担任一些不引人注目的小角色，迟迟没有成名的机会。

在妻子的劝说下，他来到了美国加利福尼亚州寻找机会。他的运气很好，被一名导演相中，让他演《斯蒂尔传奇》中的主角斯蒂尔。他成熟的演技和潇洒的风度令大批观众为之倾倒，一时之间，他成了加利福尼亚州家喻户晓的人物。

那年他31岁，他就是现在的国际巨星皮尔斯·布鲁斯南。

一个没有好的家境和出身的人，并不意味着一辈子都要被禁锢在小圈子里。自暴自弃、怨天尤人，那都是幼稚可笑的行为，因为残酷的现实不会因为我们的悲观和抱怨主动改变，唯有直面生活，接纳生活赋予我们的不完美，努力地适应，才能够让自己的未来更美好。

1899年7月21日，欧内斯特·米勒尔·海明威出生在世界五大湖之一的密执安湖南岸，一个叫橡树园的小镇。

家里一共有六个孩子，海明威是第二个。母亲很有修养，热爱音乐。父亲是一位杰出的医生，又是个钓鱼和打猎的能手。海明威3岁时，父亲给他的生日礼物是一根渔竿儿；10岁时，父亲送给他一支一人高的猎枪。父亲的影响使海明威终生充满了对捕鱼和狩猎的热爱。

14岁时海明威在父亲支持下报名学习拳击。第一次训练，他的对手是个职业拳击家，海明威被打得满脸鲜血，躺倒在地。

可是第二天，海明威裹着纱布还是来了，并且纵身跳上了拳击场。20个月之后，海明威在一次训练中被击中头部，伤了左眼。这只眼的视力再也没有恢复。

毕业以后，海明威不愿意上大学，渴望赴欧参战。因为视力的缘故未被批准。他离家来到堪萨斯城，在《堪萨斯报》做了见习记者。

在这里他学到了最初的写作技巧。《明星报》对于文字有110条不得违反的规定："要用短句""用活的语言""用动词，删去形容词""能用一个字表达的不用两个字"等等。海明威专心致志地边工作边学习，很快掌握了写作的技巧，并形成了自己的文字风格。

1918年5月，海明威如愿以偿，加入了美国红十字战地服务队，来到第一次世界大战的意大利战场。

7月初的一天夜里，海明威的头部、胸部、上肢、下肢都被炸成重伤，人们把他送进野战医院。海明威的一个膝盖骨被打碎了，身上中的炮弹片和机枪弹头多达230余块。

他一共做了13次手术，换上了一块白金做的膝盖骨。但仍有些弹片无法取出来，到死都会留在体内。

他在医院里躺了3个多月，接受了意大利政府颁发的十字军功勋章和勇敢勋章，这时他刚满19岁。

大战后海明威回到美国，战争除了给他的精神和身体带来痛苦外，没有带来任何值得高兴的事。旧的希望破灭了，新的希望却还没有建立，前途渺茫，思想空虚。

尽管这样，海明威依旧勤奋写作。1919年夏秋，他写了12个短篇，寄给报社被全部退回。

母亲警告他，要么找一个固定的工作，要么搬出去。海明威从家里搬了出去，因为什么也改变不了他献身于文学事业的决心。他只想做一流的、最出色的作家。

1920年的整个冬天，他都独自坐在打字机前，一天到晚地写作。有一次参加朋友们的聚会，海明威结识了一位叫哈德莉的红发女郎。她比海明威大8岁，成了海明威的第一个妻子。这时海明威22岁。

1922年冬天，他赴洛桑参加和平会议时，哈德莉在火车站把他的手提箱丢失了。手提箱里装着他的全部手稿，一个长篇、18个短篇和30首诗。这使海明威痛苦万分又毫无办法，只能重新开始。

1923年，海明威的第一部著作《三个短篇和十首诗》在法国的一家非正式出版社出版。总共印了300册，在社会上毫无影响。

作为记者，海明威很受欢迎。但他呕心沥血写成的小说，却没有报刊肯用。尤其令他伤心的是，退稿信上总是称他的作品为"速写录""短文"，甚至说是"轶事"，根本就不把他的稿件看成是文学创作。

1924年，海明威辞去记者工作，专门从事文学创作。他没有固定的收入，又要养活刚出生的儿子，生活艰难可想而知。

1925年是海明威最为穷困潦倒的一年。他仍通宵达旦地写作，妻子已经带着儿子离开了他。

第二年，海明威与波林结婚，婚后不久，他的第一部长篇小说《太阳照常升起》问世，立即博得了一片喝彩声，被翻译成多种文字，成了一代人的经典之作。

这部小说用美国女作家斯泰因的一句话"你们都是迷惘的一代"作为题词，从而产生了一个文学流派——迷惘的一代，而海明威就成了这个流派的代表。

普希金有一首我们都非常熟悉的短诗《假如生活欺骗了你》,"假如生活欺骗了你,不要忧郁,不要愤慨;不顺心时暂且忍耐。相信吧,快乐的日子将会到来。"

生活是不公平的,如果我们无法适应,因此怨天尤人,不敢去面对现实,没有足够的勇气去接受现实的挑战,整天活在忧郁之中,那么我们等于被生活击垮。既然这样,我们不如去思考,如何更好地去适应生活的不公。唯有适应当下的环境,才会有机会去改变自己的处境。

不要奢望自己成为上天的宠儿,假如生活欺骗了你,给了你诸多不公平的待遇,那么请你接受比尔·盖茨的忠告:去适应它。

欲望是幸福的敌人

叔本华说:"欲望过于剧烈和强烈,就不再仅仅是对自己存在的肯定,相反会进而否定或取消别人的生存。"用"上帝的命定"或"天理"来取消或压制别人的欲望是不合理的,但过度推崇与放纵欲望也是愚蠢的。欲望不是纯粹的、绝对的东西,它需要理智地调控与节制。

"人欲"是一切人类活动的起始,把握这个主宰一切的本源,将会获得无穷无尽的能量。人是欲望的产物,生命是欲望的延续。然而欲望的有效性与必要性是有限度的,满足不是绝对的,总有新的欲望会无休止地产生出来。由于欲望这种不知餍足的特性,欲望的过度释放会造成严重的破坏。

据说,曹操做魏王的时候,在他的封地有一个乞丐,总是遭到人们的鄙视和欺负。乞丐感到很委屈,他问:"天底下有的是乞丐,甚至连魏王也是。可是,你们为什么那么尊敬魏王,却这样瞧不起我呢?"

市民们冷笑道:"你凭什么说魏王是一个乞丐呢?如果你能够证明给大家看,我们也可以像尊敬魏王一样尊敬你。"

他决定设法找到魏王,做一个证明。然而,魏王是那样高高在上,而他却是一个身份卑贱的乞丐,地位相差如此悬殊,怎么能够接近魏王呢?每当他试图接近魏王时,魏王的随从们就会把他痛打一顿,然后把他赶走。

功夫不负苦心人啊,他终于找到了一个机会。他发现魏王每天傍晚都会来到王宫附近的僻静小道上散步,于是,他就躲在那里等待魏王。他看见魏王远远地离开了他的随从们,沿着小道独自走来,似乎在苦苦思索着什么。他等待着时机,突然出现在魏王面前。

魏王被吓了一大跳。"你要干什么?"他惊恐万状地问道。

"我不想干什么。"乞丐说,"我只想讨一点钱。"

原来只是想讨一点钱啊。魏王舒了一口气,然后问:"你需要多少?"

乞丐说:"我只有一只破碗,你只要能够装满它就行。"

魏王笑了起来,说:"好吧,我答应你。"他唤来了仆人,命令他们去拿一些钱来。奇怪的事情发生了,当这些钱倒入乞丐的破碗时,仅仅只停留了几秒钟,就消失得无影无踪。

怎么会发生这样的事情呢?魏王感到非常诧异。他吩咐仆人们搬来更多的钱,但那些钱每一次都只能在乞丐的破碗中停留几秒钟,然后消失得无影无踪。最后,所有的钱都搬来了,所有的钱都在乞丐的破碗中消失得无影无踪。魏王被惊骇得出了一身冷汗,扑通一声跪倒在乞丐面前,请求乞丐放过他。

现在,轮到乞丐冷笑了,他解释说:"这只破碗是一个填不满的穷坑,它的名字叫作欲望。因为这个欲望,你我其实都是乞丐。"

高高在上的魏王,居然被一个乞丐引为同类。原来,乞丐也有三六九等之分,下等的乞丐要饭,中等的乞丐要钱,上等的乞丐要权。虽然占有的财富和社会地位不一样，但欲望的状态却是如此惊人的相似。

有个老魔鬼看到人们的生活过得太幸福了，他说："我们要去扰乱一下，要不然魔鬼就不存在了。"

他先派了一个小魔鬼去扰乱一个农夫。因为他看到那农夫每天辛勤地工作，可是所得却少得可怜，但他还是那么快乐，非常知足。

小魔鬼就想："要怎样才能把农夫变坏呢？"他就把农夫的土地变得很硬，让农夫知难而退。那农夫对着土地敲打半天，干得好辛苦，但他只是休息了一下就继续敲，没有一点抱怨。小魔鬼看到计策失败，只好摸摸鼻子回去了。

老魔鬼又派第二个去。第二个小魔鬼想，既然让他更加辛苦没有用，那就拿走他所拥有的东西吧！小魔鬼就把他午餐的馒头和水偷走。他想农夫干得那么辛苦，又累又饿，却连馒头和水都不见了，这下子他一定会暴跳如雷！

农夫又渴又饿地到树下休息，想不到馒头和水都不见了！"不晓得是哪个可怜的人比我更需要馒头和水。如果这些东西能让他温饱的话，那就好了。"这个小魔鬼也弃甲而逃了。

老魔鬼觉得奇怪，难道就没有任何办法能使这农夫变坏？这时第三个小魔鬼对老魔鬼说："我有办法一定能把他变坏。"

小魔鬼先去跟农夫做朋友，农夫很高兴地和他做了朋友。因为小魔鬼有预知的能力，他就告诉农夫，明年会有干旱，教农夫把稻种在湿地上，农夫便照做。结果第二年别人没有收成，只有农夫的收成满坑满谷，他就因此富裕起来了。

小魔鬼又每年都对农夫说当年适合种什么，三年下来，这农夫就变得非常富有了。他又教农夫把米拿来酿酒贩卖，能赚取更多的钱。慢慢地，农夫开始不工作了，靠着贩卖的方式，就能获得大量金钱。

有一天，老魔鬼来了，小魔鬼就告诉老魔鬼说："您看！我现在要展现我的成果,这农夫现在已经有猪的血液了。"只见农夫办了个晚宴,所有富有的人都来参加,喝最好的酒,吃最精美的餐点,还有好多仆人伺候。他们非常奢靡地吃喝,衣裳零乱,醉得不醒人事,开始变得像猪一样痴呆愚蠢。

"您还会看到他身上有着狼的血液。"小魔鬼又说。这时,一个仆人端着葡萄酒出来,不小心跌了一跤。农夫就开始骂他:"你做事这么不小心!"

"哎!主人,我们到现在都没有吃饭,饿得浑身无力。"

"事情没有做完,你们怎么可以吃饭!"农夫恶狠狠地说。

老魔鬼见了,高兴地对小魔鬼说:"你太了不起了!你是怎么办到的?"

小魔鬼说:"我只不过是让他拥有比他需要的更多而已,这样就可以引发他人性中的贪婪。"

伊索说过:"许多人想得到更多的东西,却把现在拥有的也失去了。"这可以说是对得不偿失最好的诠释了。欲望是无止境的,我们有太多的需求,面对着太多的诱惑,然而,在我们满足欲望的同时,也会相对地迷失自己。

托尔斯泰也曾经说过:欲望越小,人生就越幸福。人生最大的苦恼,不是在于自己拥有得太少,而在于自己欲望太多。欲望本身不是坏事,但欲望太多,而自己的能力又达不到,就会构成长久的失望与不满。

因此,不管我们做什么,都要适可而止,把握有度。能力所不及的事,不要过于强求自己,放弃那些无止境的沉重的欲望——它们只会让我们徒增烦恼与压力,放弃它们才能轻松地享受生活,稳步取得成功。

面对生活中的诸多烦恼,保持一颗平常心,我们就不会去斤斤计较生活里的得失,我们就能在平凡的生活中寻找到快乐;我们就会有"笑看庭前花开花落,静观天上云卷云舒"的轻松。

任何人都不可能得到全世界

曾经有人说过:"心有多大,舞台就有多大;心有多高,天就有多高;心有多亮,未来就有多辉煌!"于是,我们看到很多年轻人刚刚走出校门,心里就想着要进一家大公司,三五年之内要赚到多少钱,要在公司里当上什么职位,甚至会想几年之后同学聚会的时候,一定要是其中混得最好的那个,无论是薪水还是职位,那样才有面子……可事实上,他们很少去想,自己为什么需要这些?是真的需要这么多吗?得到这些之后有多大意义?这些问题很难回答,多数人想到的不过是——别人都那样,我也要那样,不想比别人差。

随着年龄的增长,阅历的增加,很多人变得成熟而理智了,价值观也有了变化,或者说他们是懂得了思考。那时候,他们会发现,其实自己需要的东西并不多,累得死去活来,换来了金钱、职位,也未必能让自己快乐,况且有些东西永远也无法比较。当你月薪上万的时候,留学归来的朋友可能已经年薪几十万了；当你考上公务员的时候，有些人已经成了私企的老板；当你不顾一切地想要得到一个人时，往往会忽视身边很多人给的关爱。倘若看不明白这一点，一辈子都快乐不起来。

在课堂上，一位哲学老师拿起一杯水，然后就问她的学生："你们认为这杯水有多重呢？"有的学生说有50克，也有的说有100克。

"是的，它仅仅只有100克。那么，你们将这杯水端在手中能一直持续多久呢？"老师又问道。很多人都笑了，心想：100克而已，拿多久又会怎么样！

老师没有笑，他接着说："拿一分钟，大家肯定会觉得没有问题；如果拿一个小时，大家可能会觉得手酸；如果让你拿一天，甚至拿一个星期呢？那可能得叫救护车了。"大家都笑了，但是这次是赞许的笑。

老师又继续说道："其实这杯水的重量是很轻的，但当你拿得久了，就会觉得沉重无比。这就如同我们内心不断积聚的小小的欲望，不管它有多小，时间一久，终将会成为你心灵的沉重负累。"

其实，人生完全可以既有意义，又简单自在，关键在于怎么选择。一个心智成熟的人，有自己的人生观和价值观，不会盲目地与他人比较，不会过度地去追求自己其实并不需要的东西，更不会让自己陷入无止境的欲望陷阱。

从前有一个乞丐，他经常自言自语地说："我真想发财呀！如果我发了财，我要让所有的乞丐都有房子住，吃饱穿暖，我决不做吝啬鬼……"

就这样一遍遍地祈祷，终于有一天，一个神仙找到了他。

神仙对他说道："我听到你的祈祷了，你就要发财了，我这就给你一个有魔力的钱袋。这钱袋里永远有一枚金币,是拿不完的。但是,在你觉得够了的时候,就必须把钱袋扔掉,才可以开始使用那些金币。"说完,神仙就不见了。

乞丐惊讶地揉了揉眼睛,以为自己是在做梦。

不过,他发现自己的身边真的出现了一个钱袋,里面装着一枚金币!乞丐把那枚金币拿出来,里面又有了一枚。于是,乞丐不断地往外拿金币,他不眠不休地拿了一个晚上,金币已有一大堆了。看着这些钱,乞丐想:这些钱已经够我用一辈子了。

第二天一早,他拿着这些钱,准备到街上买面包吃。

但是,他在花钱之前,必须扔掉那个钱袋。他舍不得扔掉,又继续从钱袋里往外拿钱。每次当他想把钱袋扔掉的时候,他就总觉得钱还不够多。

就这样,日子一天天过去了,他的金币越来越多,多到可以买下一个国家。

可是,他总是对自己说:"还是等钱再多一些才好。"于是,他不吃不喝拼命地拿钱,金币已经快堆满一屋子了,他却变得又瘦又弱,脸色蜡黄。他虚弱地说:"我不能把钱袋扔掉,金币还在源源不断地出来啊!"

就这样,接连几天乞丐都米水未进,让已经成为大富翁的他,变得十分虚弱。即便是这样,他还在用颤抖的手往外掏金币。最终,由于又累又饿,死在了成堆的金币里。

在现实生活中,如这个乞丐一般的人不在少数。他们总是希望拥有的越多越好,爬得越高越好,结果当然是疲惫不堪,让自己丢失了更多:健康、亲情、友谊,乃至生命。

心智成熟有一个重要的标志,那就是懂得克制自己,克制自己对于现实生活的种种不切实际的幻想。任何人都不可能得到全世界,当利益、诱惑出现在我们面前的时候,千万不要像故事中的乞丐一样,贪心不足。要懂得权衡利弊,不能被利益冲昏头脑，对于金钱，够用足矣，实在没必要为了聚敛金钱，而让自己失去大把自由快乐的时光。懂得舍弃一些欲望，人生的幸福才会多一点。

你不可能做一辈子天真的少女

"庸俗"在很多人心中都是不折不扣的贬义词,大概没有几个人愿意戴上"庸俗"的帽子。

许多二十几岁的女人一贯坚信:只要有爱情,就可以克服一切困难。还有些年轻人准备好了,要为自己不切实际的梦想而牺牲一切。

年轻女人似乎一直都在强调清纯和高尚,不论是思想还是身体。绝大多数女人年轻时,都在顺应着这种趋势,毫无计划地生活着,而到了三十岁才和其他人一样,开始意识到世俗的巨大作用,而忙忙碌碌地开始学着"庸俗"。何必呢?

你不可能做一辈子天真的少女,如果能早一点承认内心的"庸俗",与金钱交好,也许就可以在三十岁以后,或者四五十岁时过上优雅的生活。

这并不是说,只有变得庸俗,才能生活得好。而是说,如果能抛弃对金钱和现实的洁癖,就不至于在年华老去后,还要为金钱而疲于奔命。

对于女人们来说，拥有健康的身体，找个体面的工作，选择帅气又有能力的男人结婚，这些想法都是理所当然而且合情合理的。

但有不少人认为，重视以上这些现实价值，就不得不抛弃诸如道德伦理、爱情、理想之类的精神价值。

其实，真正重要的是，我们首先要抛弃一些不切实际的想法。精神只有依附于现实才会显得有意义。对于独居老人来说，比起同情的目光，他们更需要的是得到生活上的照顾；对于山区的孩子来说，比起所谓的"生存权利"，更受他们欢迎的是一碗能让人填饱肚子的饭。

承认内心的"庸俗"，绝不意味着放弃自己的梦想。当你有了一定的现实条件，不仅不用每天为温饱而伤脑筋，还可以拿出余钱来帮助别人。这样，鱼和熊掌就可以兼得。但如果你没有世俗的基础，那么你所追寻的梦想就变成了遥不可及的空想。

不管怎样，早一点承认内心的"庸俗"，是一件让人兴奋的事情。因为看清现实就意味着在现实环境的压力下，能够表现出超脱的能力，让现实成为有利于自己的工具，帮助自己成为人生的主宰者。

为了未来的幸福着想，就要早日摆脱对"庸俗"的偏见，早一些把现实的层面考虑进去，这绝对不是什么可耻的事情。

在宣扬女性应该独立自主、追求男女平等的今天，许多女人都听从大潮流的召唤，走出家庭，去为了自己的事业努力拼搏。在这些勇于走出家庭的女人中间，有真正适合奋斗的"女强人"，也有为了赶时髦而强忍艰辛的跟风者。前者多半职场得意，也乐意享受那种呼风唤雨的荣耀。后者在遭到了外边的风雨之后，从本心上愿意回归家庭，却往往碍于面子，只能继续苦苦支撑。

雨芳和朱亚住隔壁，起初的时候，她们都是待在家中的主妇。两人的老公都很有出息，丰厚的收入让她们衣食无忧。闲暇的时候，她们俩就一起出去聊天、购物。

后来，朱亚出去找了工作，整天忙进忙出，开始过独立的生活。这样一来，雨芳的心里开始犯起了嘀咕：自己是不是也应该出去"独立"一把呢？

她把找工作的想法告诉了老公，老公说，外边的工作很累，还不好找，哪有待在家里打理一下家舒服？雨芳觉得老公说得有道理，可是连朱亚都独立了，自己还怎么能待在家里做家庭主妇？于是，第二天，她就给家里请了一个保姆，然后就出去找工作了。

当时正处在金融危机的关头，雨芳屡屡碰钉子，但又害怕当初那么坚决地要出来再回去会遭到老公笑话，就去了一个超市当售货员。

几天工作下来，雨芳苦不堪言。工作很累，工资也少得可怜。想买件衣服都得考虑半天，但又不好意思再向老公要钱。毕竟"经济独立"是自己说出来的，何况老公因为她出来工作，还得付保姆工资。

我们都是在一定的文化氛围、团体规范、社会环境的影响和约束下成长起来的，会受到周围环境潜移默化的影响。多数人都处在一种"随大流"的心态之中，而能够真正认识自己，正视自己内心想法的人很少。一个人如果不了解自己，也就是不知道在生活中哪些事物能够对自己起作用，哪些不能。

每个女人都应该在心里给自己画一幅切合实际的自画像，了解自己的优点是什么，缺点又在哪里，清楚自己适合怎样的工作，需要过怎样的生活。抛开世俗的观点，忠于自己，按照自己的意愿去选择生活，才会活得自在快活。

如果你不想像男人一样撑起半边天，不喜欢在外抛头露面，那么就不要勉强自己担起这样的压力，安心地在家相夫教子也是不错的选择。看着丈夫每天都穿着自己洗得干干净净的衣服，孩子在自己的调教下变得懂事和优秀，家人不断称赞你的厨艺有长进，这都是难得的美好。

对于女人来说，成功的方式有很多种，不一定非要站在高高的领奖台上。就像制作一部电影一样，影片的成功与否既在于演员的演技，也在于剧本和导演。如果你愿意在家相夫教子，那就安心当一个成功的家庭编剧和导演。

在背后默默支持丈夫和孩子成功、成才，也是女人的一种成就。就像人们在称赞朱元璋的功勋时，总不会忘了表扬一下马皇后的伟大。在赞颂孟子的时候，总会提到"孟母三迁"的故事。

不管是在家庭，还是在社会，只要选择了自己擅长和喜欢的，并精心经营你的选择，每个人都能散发出夺目的光辉。

不要去盲从任何一种生活方式，更不要被任何生活方式所选择。

要跟从自我的意愿去挑选一种你想要的生活。如果你想做个优秀的女人，就应该跳出别人划定的圈子，把隐藏在生活背后的自己找出来。

WE
HAVE
BEEN
WORKING
HARD

PART 8

爱是
恒久忍耐，

又有
恩慈

人生有太多事情，是你我都无法掌控的。你必须要知道，这个世界上最脆弱的东西就是用眼泪换来的感情。对你得不到的人 say no，对你无法做到的事情释怀吧。

　　早点离开那些并不适合自己的情感，才能够快点开启另一阶段的人生之旅。

爱情中适合最好

俗话说："一个成功男人的背后往往站着一个伟大的女人。"同样的，一个好女人的背后也往往有一个好男人。每一对爱人看待对方不止是自己最贴心的伴侣，更是自己最亲密的伙伴，爱人之间的相互影响是无法估量的。因为每一对爱人都朝夕相处，是彼此最亲密的伙伴，最贴心的伴侣。所以，选择什么样的人做爱人，不仅对家庭有很大影响，而且对个人的一生也有很大的影响。一个好的爱人能成就一个人，一个不适合的爱人可能会毁掉一个人。

那么，什么样的恋人才是最适合自己的呢？大多数女人很少思考这个问题，她们基本上是"跟着感觉走"，对方外形好、有钱、有感觉等等，这些外在的条件常常是她们选择恋人的标准，至于对方的品质、修养却很少考虑。但是，在选择恋人的时候如果一味跟着感觉走，过分注重对方的外貌、学历、工作等外在因素而忽视其内在的素养，那么很有可能给自己的生活和前途带来无尽的麻烦。

张小娴曾经说过:"爱上一种味道,是不容易改变的。即使因为贪求新鲜,去尝试另一种味道,始终还是觉得原来的那种味道最好,最适合自己。"

金属锡痛恨自己太软弱,一直都渴望找个办法让自己变得坚强些。锡知道金刚石非常坚硬,他渴望金刚石跟自己在一起,但却遭到了拒绝;锡又找到了生铁,没想到还是被拒绝了。

屡屡碰壁,锡的心里很难过。它把自己的苦闷告诉了和它一样软弱的金属紫铜:"我们都很软弱,谁能帮我们呢?"

紫铜说:"锡,你也不要伤心了。如果你不嫌弃的话,我们结合在一起吧!"于是,伤心欲绝的锡投入了紫铜的怀抱。

然而,就在它们结合的那一刻,奇迹发生了。锡和紫铜不再软弱了,它们都变得很坚硬,而且它们还有了一个共同的名字——青铜。

生活中总有这样的情景:一个帅气的男孩选择相貌平平的女孩,一个美丽的女人非要嫁个身材矮小的男人,一个才华横溢的男人甘愿与一名普通的女工过一生……他们看起来如此不般配,却过得很幸福,甚至实现了"执子之手,与子偕老"的誓言。或许你曾质疑过他们的选择,也曾一度想要知道他们幸福的奥秘是什么?此刻,我相信你已经从上面的寓言故事中找到了你想要的答案。

两种同样软弱的金属物质,结合在一起竟然能够变得异常坚硬,这也暗喻了一点:在爱情和婚姻中,最合适的就是最好的。如果把锡比作女人,把紫铜比作男人,那么这两个最合适的人结合起来,就是幸福。这个道理,我们大多都听过,但不是每个人都能在爱情路上做出正确的选择。事实上,往往都是在亲身经历过一些事情之后,才能真正领悟到其中的真谛,不过这也总好过执迷不悟。

在我们的一生中，谁是最适合我的人？谁是能与我白头到老的人？我们在面临选择时，总是问自己这样的问题，谁能与我相伴一生？

两性之间的捕捉与追逐是最常见的爱情形式。但爱情是追到手的吗？显然不是。爱情是两个人、两颗心的相互靠近。在你喜欢上他的那一刻，也许他已经喜欢上你了。

雨雯是个优秀的女孩，人长得漂亮，工作能力强，身边不乏追求者。不过，雨雯对于选择男朋友的事很谨慎，她的态度就是宁缺毋滥。

雷奥是雨雯大学时代的校友，是个儒雅的男人，他对雨雯一直情有独钟；公司的同事乔安是个事业型的男人，对雨雯也颇有好感。两个人对雨雯都展开了猛烈的追求，周围的朋友劝雨雯选择乔安，说这样的成功男人不可多得；雷奥倒是人不错，可总觉得雨雯嫁给他这样一个平常的男人有点委屈……朋友们的话雨雯听在心里，可她有自己的想法。

在雨雯生日那天，她收到了两份特别的礼物。雷奥和乔安都知道雨雯几天后要参加姐姐的婚礼，于是不约而同地为她买了鞋。乔安送了雨雯一双古驰的高跟鞋，是当下最流行的款式；而雷奥却送了一双普通的、看似有点老气的坡跟凉拖。看到这两份礼物之后，雨雯在心里做出了选择。

朋友们笑雨雯傻："乔安那么有品位的男人你不要，非要雷奥这个土老帽儿。你看看他送的鞋子，怎么能在婚礼上穿呢？"雨雯笑了笑，说，雷奥更适合自己。

原来，雨雯的脚一直有伤，每次穿高跟鞋的时候，脚后跟都会疼。在婚礼上，她要给姐姐做伴娘，一天下来肯定会很累，如果穿高跟鞋脚会痛得走不了路，穿坡跟鞋会更舒服一点。雨雯觉得自己在生活中是个粗心大意的人，有时为了工作废寝忘食，她渴望有个人在身边照顾自己，关心自己，这份踏实和细心正是雨雯所需要的。至于乔安，或许他是浪漫的，懂柔情的，但雨雯的世界最需要的并不是这些，她要的是一个贴心的爱人。

爱情里，没有最好的，只有最合适的。朝三暮四，只能一无所获。只有懂得珍惜和知足的人，才能拥有完满的幸福。

不要说："茫茫人海，芸芸众生。只要愿意等，总有一天能找到那个属于我的完美另一半。"也不要总是觉得身边的人不够好，后悔自己当初的选择。在这个世界上，不乏让我们怦然心动的佼佼者，然而，世事可以完满者甚少，恰好两情相悦的可能性又有多大呢？

在茂密的森林中，如果你看中了一棵树，也许它在别人的眼里枝叶既不茂盛，树干也不是很笔直，但只要是适合你的，你就应该为自己的选择而欣慰。

会爱比爱本身更重要

曾经,人们都以为爱是最珍贵的拥有,爱是至高无上的礼遇。随着时光的流逝,经过现实的考验,更多的人已经开始改变这种观念,他们渐渐地接受了另一个观念,那就是:会爱,比爱本身更重要。

有付出才有收获,这个道理同样适用于爱情。爱情是苗圃中盛开的花朵,需要你舍得用自己的爱心去呵护并灌溉它,只有这样才能看到它娇艳的真心;爱情是一首美妙的诗,需要你舍得花时间去体验生活,去丰富并美化它,只有这样才能看到它感人的真心;爱情是一幅多彩的画,需要你舍得花自己的精力去构思描绘它,只有这样才能看到它亮丽的真心。每个人在爱的旅程上,注定要体会一些快乐与磨难。只有舍得付出真心,才能看到对方的真心。

去见那个女孩之前,他总会揣上七颗神秘的安定。

他第一次见她，就知道她失眠得厉害。脸色苍白，神情疲惫，这是失眠的主要特征。所以他对她说的第一句话是："也许你需要安定。"他用了"也许"，是因为他见过很多矫揉造作的女孩，明知道自己有病还不肯承认。他不能判断她会不会是其中的一个。

她不假思索地说："是的，我需要。"语气干脆得让他吃惊。她已经从他的双手看出来他是个外科医生，那双手白皙、修长、灵巧，典型的外科医生的手。

那只是一次普通的聚会，他的朋友和她的朋友一扎接一扎地喝啤酒，喧闹得几乎要将屋顶掀开。他和她不约而同地走到阳台上，一人占着一角，从26楼俯瞰广州的万家灯火。毫无疑问，美丽的夜景比屋内那帮吃吃喝喝的朋友更让他们沉醉。扑面而来的风卷起她的裙和发，借着暗淡的灯光，他发现她的脸带了笑容，舒展如花。这是一个只在夜里绽放的女孩，他想。

第二天，他坐了两个小时的车，敲开她的小屋，递给她一个用处方纸包裹的药丸，展开，是一颗安定。

她按照他的吩咐，换了深色的窗帘，扔了咖啡和茶，喝了一大杯牛奶，然后用白开水吞下那一颗药片。柔和的灯光下，她打开一本闲书，一会儿，书从手中滑落，睡意袭来，她有史以来第一次在半夜十二点前陷入了温暖的睡眠。

翌日，她醒来，看着镜中自己饱满红润的脸，给他打电话："我要一瓶安定。"他来了，却没有带一瓶，只有七颗，用一张处方纸裹着，他说："一天一片，睡眠会自己来找你。"

以后的每个周末，他都会准时出现，递给她一个小包裹。那里面是七颗安定，恒久不变。

开始，他很快就离开，慢慢地，待的时间会长一些。他帮她想办法对付厨房水管里的小飞虫，带她去街头拐角处的一间民房里打游戏，带她去白云山山顶吹风，她就像温水里的青蛙，渐渐坠入爱河。

如果你爱上了一个人，请你，请你一定要用尽全力去爱他，不管你们相爱的时光有多短或者多长，若你能尽心地爱，那么，所有的时刻都将如钻石般璀璨，如星辰般永恒。

两年后，他们结婚了。蜜月旅行回来，她突然发现自己已有很多天没吃安定，但照样睡得很香。问他，他才说，给她的那些药片，除了第一颗是安定，其他的都是维生素C。只因每一颗他都做了手脚，她一直都没发现。他做的手脚就是先用小刀磨去"维C"再刻上"安定"。在直径3毫米的药片上动手术，难不倒他这个优秀的外科医生。

她的泪突然滑过他的臂弯，他为她刻写了七百多个"安定"而她竟然不知，为他给她的婚姻，为这世界上最好的"安定"，她幸福得只能用哭来表示。

真心是爱情的基石，有了真心才能赢得真正的爱情。但有真心固然是好，也要舍得付出才行。爱是覆水难收，是可以连生命一起泼出去的，这就是为什么有那么多的人会为爱殉情的原因之一。当你的舍得与付出得到收获时，你会发现自己所做的一切都那么值得，特别是当得到对方的肯定时，你一定很愿意为她再付出更多，甚至生命。

生活中，有很多人的感情在流离失所中徘徊，爱对方的心在日复一日失望的生活中麻木。这时就需要一些可以让自己感动的东西来撩拨内心柔软的感情，让自己的感情活跃起来。那就是找出自己的真心，舍得爱、付出爱、收获爱。有时舍得付出真心也是一种幸福，因为那至少说明你有爱的能力。你从内心舍得了，这样的话你也就更多一份坦然，即使没有得到回报你也不会后悔，至少你争取过、付出过、爱过。

人的一生不能没有爱情，一份美好的爱情，就是让人学会如何去舍得真心，学会如何去付出。

爱的第一步是爱自己

爱自己是万爱之源,这是世界上最伟大的一种爱。从出生时起,女人就用数不清的方式去追求爱。有时爱很微妙,就像我们给路人一个善意的微笑;有时爱会持续一辈子,给你长久的幸福;有时爱只把我们唤醒一会儿,就消失了。

有人用一生的大部分时间去追求爱,却很难认识到生活中最重要的东西——自己。要知道,女人一生中最重要的关系是和自己的关系,最需要爱的人也是自己。

只有做到爱自己,和其他人的关系才能真正算是一种有爱的关系,而不是建立在需要、依靠、恐惧或不安全感之上。

张婷是个活泼开朗的女孩,大学毕业后她终于如愿以偿做了一名导游,走遍了世界上很多城市。

今年,张婷经人介绍,认识了张建,她很喜欢张建,她觉得张建就是她心目中的另一半。但是,张婷觉得张建对她若即若离，张婷追问原因，原来，张建觉得她哪里都好，就是工作不够稳定，常常带团一走少则三五天，多则半个月，将来生活在一起，免不了要影响以后照顾家。张建觉得，女孩子嘛，就要在家相夫教子，需要大量的时间照顾家里。为了让喜欢的人高兴，张婷忍痛放弃了自己心爱的职业，辞职了，找了一份文员的工作，朝九晚五，中规中矩，成了张建期待的那种"稳定"的上班族。

张建不喜欢张婷的朋友，觉得太闹腾了，所以张婷渐渐地就和以前的朋友们断了联系，一门心思过起了二人世界。张建喜欢朴素的女孩，于是，张婷也就不再化妆了，甚至连化妆品也不买了……

但是，渐渐地，张婷越来越厌倦现在的生活，上班永远重复着枯燥又乏味的工作；下了班，永远是柴米油盐，永远是围绕张建转，好像她越来越没有快乐，也越来越没有了自己。

她反问自己：我这样做究竟是为了什么？以前常常带团穿梭在城市之间，虽然辛苦，但是很快乐，似乎每天都有很多乐趣。她静下心来好好思索：恋爱不就是让自己更快乐吗？可是为什么自己恋爱了，找到了心中的那个他，却越来越不快乐了呢？为了讨好张建，她竟然放弃了自己以前的生活，过这种重复、乏味、无聊的生活，值得吗？爱张建就要用自己的全部快乐做交换，这到底是爱，还是一种得不偿失的交换？

这个念头在心里萌生后就再也无法遏制。张婷强烈地感觉到——自己"爱"错了。这种放弃自己的快乐而得到的"爱"不是"爱"，而是一桩失败的交易，她应该好好爱自己，过自己想要的生活，做自己喜欢的工作，交与自己志趣相投的朋友，而不是为了一段爱情就抛弃这一切。

明白这些后，张婷辞掉了文员工作，并且对张建说："我爱你，但是我不能为了你完全放弃自己以前的生活。做导游，才是我最喜欢的事。可是我为了爱你，将自己弄丢了。所以，从今天开始，我想更爱自己一些。"

虽然没能跟心爱的人最终在一起,但是张婷却不后悔。这段经历让她深深明白一个道理:先爱自己,才能爱别人。

与其卑微地去祈求别人的爱,还不如爱自己多一点。卡耐基说:"爱的第一步,不是如何去爱别人,而是要学会爱自己。"

其实,爱自己是我们最大的责任,我们自然而然地爱我们的家人和朋友,却常常不懂得要更加爱护疼惜自己。我们只有小心翼翼地保护内心的纯净,才会给所爱的人带来一份真诚的爱,同时也能保证家庭和事业都朝良性而又健康的方向发展,创造真正的幸福。

我们爱自己,首先要让自己自由,时时倾听自己的心声,与自己对话,诚实地面对内心深处的各种欲念。这样,当我们置身于各种人、事、物中,才不受约束,才能完全保持平衡。当我们能用这样的态度爱自己时,就能真正了解爱的意义,而且有能力去爱其他人。

美国头号主持人欧普拉采访奥巴马夫人时,问她是不是觉得很快乐。奥巴马夫人说:"没错,我很快乐。"她很注意锻炼和照顾自己。她说:"如果需要,我早晨四点半就会起床锻炼身体,因为每天不锻炼,我就会很难受、很压抑。""那么早?""如果我们需要上班,我们会早起;如果我们需要照顾孩子,我们会早起。可是,为什么为了我们自己,就不能呢?"奥巴马夫人希望让女儿看到一个能照顾好自己的妈妈。

如果你在电视上看到奥巴马夫人,只要稍微注意她,你一定会觉得她很健美,因为她每星期锻炼五次,也很注意全家的饮食。

由此而见,女人的精神独立和自爱是对自己的确认。当女人在自己的精神世界里建立起一个美好的王国,当她自豪地感觉到自己是这个王国的女皇时,她就会在现实生活中找到自信和价值,找到爱。

人生就像一出戏。在自己生命的舞台上,我们应该是这出戏的中心,是制片,是编剧,是导演,更是主角。这一出戏的成败,完全是我们自己的责任,四周的人,充其量都只是配角而已。既然我们是自己的主宰,就应该看重自己、爱惜自己、宠爱自己。

要想幸福，就别比来比去

有很多人在经历了爱情的失败之后，迟迟无法接受下一段美好的感情，究其原因，往往是因为这些人总是把离开了自己的人当成了以后择偶的标准，每当面临再次选择时，就常常有意无意地把新的对象和以前的恋人进行比较。这种比较对新的对象来说是不公平的。对于大多数人来说，越是得不到的东西，越是弥足珍贵，所以，一段失败的感情，反而成就了那个昔日爱人在心目中的高大形象，内心深处难以抹去被美化了的初恋情人的幻影，因而会产生对后来者的失望和百般挑剔，导致爱情更加不顺利。

也有的人对爱人以前的感情经历耿耿于怀，他们总喜欢对对方过去的爱情经历刨根问底，在想象中塑造着对方往日恋人的形象，然后拿来和自己反复做比较，在这种比较中，常常会产生嫉妒、愤怒、自卑等消极情绪。所以，要想幸福，就别比来比去。

姚宁在大学时代就和同班同学紫琼谈起了恋爱，两个人的感情一直都很稳定，可是大学毕业后，紫琼去了美国留学，姚宁考虑到自己的事业在国内更有前途，所以根本就没有去国外的打算，而紫琼又不想很快回国，所以两个人经过协商，友好地分手了。

一次偶然的机会，一名叫李晓会的女护士闯进了姚宁的视线，经过长时间的观察，姚宁发现李晓会虽然只是中专毕业，但是人长得很漂亮，而且为人热情、大方、善良而又有耐心，他觉得这种女孩非常适合做自己的妻子，因为自己是个事业狂，如果能够娶到李晓会这样的女孩做妻子，她一定会是个贤内助，肯定能成为自己发展事业的好帮手。于是在他的狂热追求下，李晓会终于成了他的恋人。

为了避免不必要的麻烦，姚宁从未对李晓会说起自己过去和紫琼的那段恋情。而姚宁和李晓会的感情也越来越稳定，甚至到了谈婚论嫁的地步。正如姚宁所料，李晓会果然对他的事业帮助很大，休班的时候，李晓会总是到姚宁的住处帮助他打扫房间、洗衣、做饭，有时还帮助他查阅、打印资料，两个人和和睦睦，快乐地享受着爱情的甜蜜和美满。

可是，有一天，姚宁的一位大学同学从外地来这里出差，晚上在饭店为老同学接风的时候，姚宁带李晓会一起去了。由于久别重逢，姚宁和那位老同学都感到很兴奋，于是两个人都喝得有点过了，那个老同学直言不讳地对姚宁说，他们这些老同学都对姚宁和紫琼的分手感到十分遗憾，因为紫琼是那么才华横溢，将来肯定能在事业上大有作为，老同学原本都以为他们俩是天造地设的一对。

李晓会听后，脸都变了，虽然那位老同学也说，今天见了李晓会后，也就不会再遗憾了，因为李晓会的漂亮和善解人意都是紫琼所无法比拟的，但是这丝毫没有减轻李晓会心中的痛苦，她第一次知道在自己之前，姚宁还有过一个聪明而有才华的女朋友，尤其是那个女朋友比自己优秀得多：她比自己学历高，而且还去了美国留学。在李晓会看来，姚宁之所以要对自己隐瞒这段感情，一是因为紫琼出国而抛弃了他，他出于一个男人的自尊而不愿意对自己提起；二是因为他至今都忘不了紫琼，而自己则完全是姚宁用来掩饰心灵创伤的一张创可贴罢了，她为自己成了紫琼在姚宁心目中的替代品而感到气愤。

所以那天回来后，李晓会跟姚宁大闹了一场，尽管姚宁百般解释自己是一心一意地爱着她的，至于紫琼，那完全属于过去，自己对她真的已经没有爱的感觉了，但是在李晓会的心目中还是从此产生了疙瘩，在以后交往的过程中，李晓会处处自觉或不自觉地拿紫琼来比较，有时候都让姚宁防不胜防。有时姚宁夸李晓会几句，她就猛不丁地来上一句："你以前是不是也常常这样夸紫琼？"如果有时候李晓会什么事情没做好，姚宁向她提意见，她常常反唇相讥："对不起，我就是这种水平，谁叫你放走了才女，而交了我这个低学历、没本事的女朋友呢，后悔了吧！"

一次，姚宁要去美国出差，李晓会一边帮他收拾行李，一边问："就要见到紫琼了，心情一定很激动吧？"当时姚宁正急着整理去美国要用的一些资料，就没顾得上搭理李晓会，这让李晓会更加误会了，她又说："好马也吃回头草，如果现在紫琼还是一个人的话，你们这次就在美国破镜重圆了吧。"

这时，姚宁不耐烦地说了一句："你怎么又拿紫琼说事，烦不烦啊！"不料，李晓会脸色大变："我学历低，能力差，不能和你比翼齐飞，你当然烦我了，要烦了就明说，别遮着捂着，搞那一套此地无银的伎俩，我不是那种没有自尊，非要赖上一个男人不可的人。"说着转身离去了。

由于第二天就要启程去美国，所以姚宁就想等回国后再跟她解释，可是令他没有想到的是，等他回国后，她已经火速地经别人介绍认识了一个男朋友，她对他说："我现在的男朋友各方面都不如你，我这么急着另找一个人，也是为了逼自己坚决点离开你，我必须自己断了自己的回头之路。"

爱人的前一段感情往往容易导致后来者惦记那个离爱人而去的人，他或她不但自己对以往的人或事耿耿于怀，而且更不断地提醒对方："永远不要忘记。"如此一来，那个原本已经成为了过去的，跟现在毫不相干的人便长期纠缠在两个人的爱情生活中，最终可能导致情感危机。

爱人的职责，就是支持、帮助自己的另一半实现他们的理想，在这个过程中不要挑剔他，不要拿他来和过去的某人相比，而是应该温柔地鼓励他、赞赏他，为他加油打气。其实，当初男肯娶女肯嫁，都代表着对对方相当的肯定，至少在结婚之初，大家确认对方是自己可以相守一生的伴侣。婚姻是既实在又琐碎的，激情消失之时，双方缺点暴露无遗，此时，切不要拿他恋爱时的模样与现在相比，更不要拿别人跟他比。

爱和婚姻的本质是包容

有人说，爱情让人盲目，还有人说，处于恋爱期间的人智商为零，这些话一点都不假。在热恋的人眼里看到的永远是浪漫和甜蜜，即便是缺点在对方的眼中也会变成可爱的地方。你爱的那个人的周身都被某种光环所笼罩，见到他（她）似乎就看到了满世界的阳光，原本的阴霾也会在顿时消散得无影无踪。爱情的力量足够强大，和相爱的人在一起，困顿不堪的岁月也会变成美好的回忆在彼此的心中沉淀或升华。

但是，不可否认的是，对于正在成长的年轻人来说，眼睛里盈满了粉红的颜色，爱人的一切在心目中早已经成了完美的代名词。一旦有一天，当爱情归为现实，当婚姻走进日常的生活，我们才发现原来对方身上有这么多自己无法接受的缺点甚至缺陷。当这种情绪持续地存在，彼此的感情就不可避免地会产生危机。

有一个女孩和一个男孩在众人的祝福声中走进婚姻的殿堂，

可是婚后，女孩突然感到生活并不是她想象中的那样美好。两个人还经常因为一点小事就会争吵起来。因此，她经常跑到娘家诉苦，有时候她甚至无法抑制自己的情绪，一边哭泣一边说着丈夫的种种不是。

这天，在她哭完之后，母亲起身拿了一支毛笔和一张白纸，对她说："这样吧，我这儿有一张白纸，一支毛笔，你现在拿着毛笔往白纸上点点，你丈夫有一个缺点，你就在纸上点一个点。"

女儿顺从地接过了毛笔，开始在白纸上点点。她一边哭，一边想着丈夫的缺点，想到之后就狠狠地在白纸上点着。等她点完之后，就把那张纸交给了母亲。母亲又把纸递给她，对她说："女儿，你看这张纸上是什么？"女儿说："黑点啊，这上面全是他的缺点。"母亲又说："你再看看，看看还有什么？"女儿瞪大眼睛重新审视了一番，说："上面除了黑点就是白纸，也没有什么别的东西。"母亲笑了，语重心长地说："对啊，白纸比黑点大得多了，你怎么只看到黑点呢？你一定是只看他的缺点啦，来，你再数一下他的优点。"

女儿停止了哭泣，开始数起丈夫的优点来。她数着数着，脸色慢慢舒缓了起来，最后发现丈夫的优点还是比较多的。她心里再也没有了怨气，于是就对母亲说："妈妈，我知道了，谢谢你。"

在婚姻生活中，很多的争执和矛盾都是由于我们只看到了对方的缺点而忽视了对方的优点而引起的。结婚前，爱人在自己的眼中，无论怎么看，都是那么完美无瑕。其实，每个人都背着两个口袋，一个叫优点，一个叫缺点，每个人都习惯了把优点放在前面的袋子里，而把缺点放在后面的袋子。因此，造成了只看到对方的缺点而忽视了他的优点，对自己则是只看到了优点，而忽视了缺点。假如我们能够将这两个袋子调换一下位置的话，所看到的就会大不一样了。

我们应该知道，爱的本质是包容。当两个素不相识的人由相爱走向婚姻的时候，就注定了要付出一些牺牲。毕竟，婚姻已经不再是花前月下卿卿我我的唯美浪漫，也不是莽撞少年的缠绵与誓言，而是烟火生活中的相濡以沫和相互体谅。婚姻和爱情的美丽可贵之处不在于誓言的多少和承诺的天荒地老，而在于相互包容和理解。

一对夫妻经常相互抱怨对方。丈夫认为自己每天工作非常辛苦，回家后没力气做家务；妻子认为自己每天有做不完的家务活，从早忙到晚，累得要命。于是他们决定互换角色，让对方体验一天自己的生活。

第二天清早醒过来，夫妻角色已经对换了。作为一个"女人"，他早早起床，准备早餐，叫孩子们洗脸刷牙，照料他们吃早餐，然后开车送他们去学校，之后去超市采购。回到家，他又要整理床铺，洗衣服，打扫房间。等干完这些，孩子们放学的时间到了，于是他冲到学校去接孩子们。到家后，他准备好点心和牛奶，监督孩子们做功课。下午四点的时候，他开始准备晚餐。吃完晚饭，他开始洗碗，收拾厨房，然后给孩子们洗澡，给他们讲故事，哄他们上床睡觉。晚上十点，他已经撑不住了，可是屋子还没收拾，衣服还没洗……

妻子变成了男人的角色，一大早到公司后，照常开例会。会议结束后跟同事一起商议当天的工作安排，回到办公室不停地接打电话，跟客户洽谈。到了午饭时间，顾不上出去吃饭，叫了外卖，一边吃一边工作。下午出去见客户，经过六个小时的磋商，终于谈成了一笔大项目。这时已经是晚上七点，客户要求出去庆祝，喝酒唱歌聊天。晚上回到家已经是凌晨两点了。

这时，丈夫还在客厅等着她。经过这番体验，俩人不发一言地拥抱在一起。

在朋友之间，我们常常能做到感恩与报答，这是因为我们珍惜朋友之间的友谊，想让朋友知道你为我做的这些对我很重要。夫妻因为有了一纸婚约，彼此之间就把对方做的任何事情都看成是理所当然的，时间一久，自然会熟视无睹，甚至还会鸡蛋里面挑骨头。

无论男女，他（她）不是必然比我们要聪明、勇敢、勤劳和富有。如果我们不能爱一个人的本来面目，而是爱上我们期待中那个完美的他（她）的话，我们一定会不断地失望，而他（她）也会因为压力过大而沉默直至崩溃。

婚姻是一种缘分，需要懂得珍惜。婚前的交往，往往是美丽的伪装，夫妻只有在共同生活时，才会发现彼此的弱点和问题。宽容，是保持婚姻稳定和幸福的基本品德！

金无足赤，人无完人，这个世界上不存在十全十美的人，也不存在完美无瑕的爱情。20多岁的年轻人，心里承载了太多对完美的期待，然而一份健康的情感是不可能脱离现实而存在的。如果你爱一个人，绝对不是因为他（她）的完美，那种将爱人的一切都理想化的人，最终免不了要吃苦头。要想让自己的婚姻变得更加牢固，让家庭变得更加美满幸福，就应该用一种包容的心态去对待对方，用理性的思维去解决双方的矛盾和冲突。要学会用宽广的胸怀去接纳和包容我们的爱人，这样的感情才会持久，这样的婚姻才能更幸福。

婚姻相对论

减少对一件事情失望的最好办法就是不要过高地去估计它，压低想象才会有更多的空间去适应现实。对于婚姻就是这样。婚姻可能是两个人感情发展到成熟的终结，也可能只是一种人生状态的选择。婚姻未必要有海誓山盟的誓言，更多时候我们就是在寻找一个合适的伴侣，身份、利益、观念、性格等等条件的平衡而已，红尘中一对男女用这样的方式来互相托付。就好像年纪大了，一个人会面对很多现实的困难，于是，就结婚了，找个伴，半夜醒来的时候，身边有一个人，会让一颗心变得踏实。

女作家毕淑敏就曾经写过这样一篇文章，叫《千万个丈夫》，文中说，符合我们条件的，能够被我们接受的爱人其实世间很多很多，只不过机缘巧合，遇到这个就是这个，玄妙一点说这就是缘分，简单一点说就是巧合。换一个人，未必就会生活得不好，为一个人要死要活的，并不见得这个人就是你一定不能错过的最佳伴侣，多半都是因为个人性格的执着，不懂放手而已。

什么是婚姻的磨合，就是把两个自由独立的人放到一个屋子里相互适应的过程。两个人走进婚姻，在性格和生活方式上总会有所不同，只要不是原则问题，都需要互相迁就，不要过多的计较。两个人相处，就好像齿轮一样，如果你的短处他能包容，他的缺陷你能体谅，那么就正好咬合在一起，运转良好。

婚姻就像一个巨大的收纳盒，它容纳笨拙、无能、怪僻，停泊孤单、消极、悲观，我们从这样的港湾中获取力量，然后才能有勇气继续生活。

比如，有一个朋友喜欢高高瘦瘦扮酷的男人，可她的老公却是一个矮胖的家常派小生，那么如果按照某些人的性格，可能这个朋友就会经常性的遗憾和苦闷了，可是她却觉得，自己喜欢的那样的男人图片上有的是，又何必一定要放到家里欣赏呢，此胖子热情风趣还做得一手好菜，绝对能保证未来有吃有喝有开心，干吗不嫁？

她把现实和理想分别放到了不同的位置，所以才会幸福得那么单纯。可是太多的人做不到这一点，经常看到有的女人因为丈夫矮了几公分就郁结多年，好像全世界都在鄙视自己和一个矮个子结婚，却不懂得看到这男人身上的优点；有的男人因为自己老婆不够漂亮就心里结个疙瘩，尽管老婆贤淑得体也掩盖不了内心的失落。这样的人归根结底是在伴侣的一些不足中连带着否定自己，好像是自己能力不够所以就不能拥有更好的。

所以，要学着做一个不苛求的人，两个人之间需要忍耐、理解、体谅、互相接受和改变，尊重对方独立的人格和尊严，这样的婚姻才可能长久和平稳。

对待婚姻，一定要有非常踏实的态度和务实的精神，这样才能顺利度过婚姻的转折期和心理波动期，才不会犯那种常人最容易犯的错误，往墙外眺望更美的风景。你要知道，外面的风景之所以美丽，是因为距离，你真到了面前，一样会失望。你能握在手里的就是好的，为了不属于自己的东西辗转反侧，追求不得，实属不明智。

我们所拥有的婚姻未必是我们最希望得到的，结婚的对象未必是我们最喜欢和最欣赏的，婚姻需要将就现实的压力，个人能力、个性、学识、环境等方面的局限，所以在进入婚姻之前，你就要明白你希望在这段婚姻和对方身上得到什么，在知道任何人都无法满足我们所有的要求的基础上，衡量出对于自己来说最重要的东西。

婚姻会成为一针清醒剂，把我们曾经对生活的天真、幻想一一消退，做出一些我们应该承担的，并且能够承担的决定。我们要看到心底那个最真实、最坦白的自己，要尽量清醒地知道自己要与之生活的这个人的全貌，以及未来婚姻的可能走向。世界上不可能有天长地久的掩饰和做作，也不可能有毫无瑕疵的装扮和美化，我们最终都要在婚姻中得到还原。

去爱吧,就像没有受过伤一样

剩女之所以被剩下来无非几个原因:缘分未到,自视过高,志在腾达,情伤未愈,信心不足,享受单身。前几种原因都是无奈被"剩"的,而最后一种却是把单身当成了享受。单身是会上瘾的,一个人久了,久而久之会变成习惯。一个人久了,会懒得恋爱,朋友会更加重要,假日时光听歌看电影就打发了,对爱情会越来越挑剔,会比以前更爱父母,更重视亲情,对所有的节日大多没什么期待,会觉得无拘无束自由自在……

经典韩剧《达子的春天》中便有这样一句台词:一个人生活的时间太长了,所以懂得一个人生活的方法;但对两个人生活的方法,我却太笨拙了。

在租来的小公寓里,达子肆无忌惮地狂吃海喝,在床上坐没坐相、蓬头垢面,打嗝甚至放屁。这是一个率直的女孩,她相信爱情,不过缘分一直到33岁才来临而已。她说,虽然33岁,但是也没有后悔过，为什么没能早点谈恋爱，为什么没能早点找到不错的男人。至今为止一直努力地生活，那样就很满足和值得了。就算没有条件很好的爱人，也没有不堂堂正正活着的理由。

有时候像达子一样问问自己，面对一路走来的青春年少，是不是无怨无悔？

只有走入一段爱情中，你才会发现世界上从来没有一个完美的男人在为你准备着。你不是张曼玉，也不能苛求你的他变成年轻帅气高大的小说男主角。追求完美没有错误，但生活是生活，艺术是艺术。人非完人，就连月亮也从来都不是圆满的。人活一世，还有什么比两个人相依为命在这个寂寥的尘世相互取暖更为重要？即便你的他有太多缺陷，但请试着相信爱情适合最好。一点关心，一声问候，爱情需要两个人一起努力经营。

柏拉图说，爱是一种疯狂，一种神圣的疯狂。今天我们谈论爱情时，经常把它当作人际关系的一个方面，一种我们可以控制的东西。我们关心的是，如何用正确的方式恋爱，如何获得成功的爱情，如何克服其中的问题，如何面对失恋的打击。

很多人之所以来接受心理治疗，是因为他们对爱情的期望太高，而实际结果却让他们大失所望。很明显，爱情绝不是单纯的。过去的纠葛，未来的希望，以及种种鸡毛蒜皮的琐碎小事——哪怕与对方只有一点点联系——都会对爱情产生深远的影响。

有时我们会以轻松的态度谈论爱情，却忽略了它强劲而持久的一面。我们总期待着爱情的抚慰，却往往惊讶地发现，它也能在我们心中留下空虚和裂痕。

柏拉图把爱称为"充实与空虚的孩子"。充实与空虚，恰恰是爱情的正反两面。

我们总是向往爱情，总是期待爱情抚平心中的创伤，让我们的生命更加圆满。或许在过去，爱情也曾让我们感到痛苦，但我们从来不在乎。因为爱情具有一种自我复苏的力量，如同希腊神话中的女神，只要在遗忘之水中沐浴一番，就能恢复贞洁。

每经历一次爱情，我们对它的了解就深了一分。失恋之后，我们总是痛下决心，今后绝不再犯同样的错误。我们的心变硬了一些，或许也变聪明了一些。

但爱情本身永远是年轻的，永远带着青春特有的愚蠢和笨拙。因此，与其在失恋的痛苦无望中形销骨立，不如坦然接受爱情造成的空虚，因为空虚是爱情本质的一部分。我们不必刻意避免重蹈覆辙，也不用让自己"变得聪明"。遭受失恋的打击之后，我们所能做的就是驱散心中的怀疑，再度投入爱情，尽管我们已经体验到了其中的黑暗和空虚。

剩着并不可怕，但别有一颗剩着的心。别把自己的心变成贱卖的商品，不经分辨地轻易交付于人；也别把心放在阁楼里，居高临下地看着；更别把心浸泡在回忆的毒汁中，拿一生来祭奠前尘往事。

当一个年轻女孩子剩着的时候，她必须更积极，更率直，好好生活，该爱就爱。要记住，哪里有什么白马王子，矜持未免造作，不如跨上白马往前冲。一定要知道如何让自己开心，知道自己不是为了任何一个男人而活。这样当真命天子出现的时候，你便不会有一张老气横秋的脸，也不会有一颗日暮沉沉的心。况且，没有真命天子，你还有你自己。去爱吧，就像没受过伤一样！

WE
HAVE
BEEN
WORKING
HARD

PART 9

被孤独
包裹，

仍有
阳光

爱情和友情是不会像包装精美的礼物那样由圣诞老人从烟囱扔进你家中的。因此,一个人若想克服孤独,摆脱自怜的阴影,就要主动结交朋友,努力去赢得别人的认可和喜欢。只有这样,才能够被人接受,受人欢迎,远离寂寞的生活。

别人凭什么喜欢你

现实生活中,孤独常常是困扰大多数人的一种感觉。

孤独并不是指独自生活或独来独往。一个人独处,可能并不孤独,一个人置身于大庭广众之间,未必就不会产生孤独。

卡耐基讲过这样一个故事:

五年前,安娜的丈夫去世了。从那时起,安娜就染上了一种叫"孤独"的疾病。

安娜丈夫去世的一个月后,有一天晚上,她问我:"我该怎么办?我应该住在哪里呢?我还会幸福吗?"

我向她解释道:"女人五十几岁失去了丈夫当然是人生的一种不幸。既然你的丈夫已经去世了,你应该尽快从悲伤和忧虑中走出来,趁自己仍旧能活动自如之时,重新规划自己的新生活,重新寻找到自己的幸福。

安娜忧郁地说:"不,我相信我再也不会有幸福了。我已经老了,孩子们都成家了,没有谁再需要我了。"

可怜的女人承受着双重打击:一方面是自卑地不能面对现实;另一方面是对于如何同疾病作斗争,一无所知。

年复一年,安娜没有任何好转的迹象,一直在自怨自艾。后来,她搬到自己女儿家去了。

那段经历无论对谁来说都是十分恐怖的,冲突最严重的时候,安娜居然毫无顾忌地对别人大肆辱骂和欺侮。结果,女儿跟她闹僵了。她又搬到儿子家,结果也一样。后来,她住进自己的一套公寓里,但还是不行。

一直以来,她都不能让自己开心起来,都在期待别人同情她、怜悯她。她是一个自私的、悲剧性人物的典型,即使她已经61岁了,可从情感上来看,她就跟一个小孩儿似的。

故事中的安娜,无疑是不幸的,她困在自己为自己建造的牢笼里,将灿烂的阳光拒之门外。配偶死了,对于生者,并没有法律限制其不能追求幸福。我们必须明白,我们要自己去争取自己的幸福,而不是坐等别人的施舍或救济。

必须靠自己的努力,让别人喜欢和需要你。然而,许多孤独的人都不明白:爱不会像包装精美的礼物一样被人送上门来。想得到别人的欢迎,并不像接到邀请信那样容易。因此,你要自己付出努力才能赢得别人的欢迎。人们不会像履行合同一样给你爱,给你友情,让你开心地去玩。

那么,一个人该如何战胜孤独呢?

1. 克服自卑

由于自卑而觉得自己不如别人,所以不敢与别人接触,从而造成孤独状态。这如同作茧自缚,自卑这层茧不破,就难以走出孤独。

其实,人与人之间不可相比,每个人都有长处和短处,人人都是既一样又不一样。所以,一个人只要自信一点,就会钻出自织的茧，从而克服孤独。

2. 多与外界交流

独自生活并不意味着与世隔绝，虽然客观上与外界交流有困难，但依然可以通过某些方式达到交流的目的。当你感到孤独时，可翻翻旧日的通讯录，看看你的影集；也可给某位久未联系的朋友写信、挂个电话或请几个朋友吃顿饭或聚一聚。当然，与朋友的交往和联系，不应该只是在感到孤独时，要知道，别人也和你一样，需要紧密联系的友谊的温暖。

3. "忘我"地与人交往

与人们相处时感到孤独，有时会超过一个人独处时的十倍。这是因为你和周围的人格格不入。例如，你到了一个语言不通的地方，由于你无法与周围的人进行必要的交流，也无法进入那种热烈的情感中，所以，你在周围热烈的气氛中会倍感孤独。因此，在与别人相处时，无论是什么样的情境下，都要做到"忘我"，并设法为他人做点什么，你应该懂得在温暖别人的同时，也往往会温暖到你自己。

4. 享受大自然

生活中有许多活动是充满了乐趣的。只要你能够充分领略它们的美妙之处，就会消除孤独。如有些人遇到挫折，心情不好，但又不愿与别人倾诉时，常常会跑到海边或空旷的田野，让大自然的清风尽情地吹拂，心情就会逐渐开朗起来。

5. 确立人生目标

现代人越来越害怕自己跟他人不一样，害怕在不幸时孤立无援；害怕自己不被人尊重或理解，这种由激烈的社会竞争导致的内心恐慌，无疑使一些人越来越孤独，心灵也越脆弱。要克服这种恐慌与脆弱，必须为自己确立一些人生目标，培养和选择一些兴趣与爱好，一个人活着有所爱，有所求，就不怕寂寞，也不会感到孤独了。

今天正是你昨天忧虑的明天

诺贝尔医学奖获得者尤利西斯·科瑞尔博士说："如果一个商人不知道怎样抗拒忧虑，他将付出短命的代价。"

女人总是比男人有更多的顾虑与担心。为了不如意的小事愁眉苦脸；为了他人不礼貌的言行而耿耿于怀；为了不可知的未来而忧心忡忡……那么，这样的忧虑足以让你的容颜失去光泽，在你的青丝中悄悄布下白发，在你的脸上静静画满皱纹……再也没有别的东西比忧虑让女人老得更快的了。

一个人只要将内心的态度由恐惧转为奋斗，就能克服任何障碍。忧虑最大的坏处就是摧毁我们的思想，一旦忧虑产生，我们的思想就会到处乱转，从而丧失做出决定的能力。

接受事实，这是克服随之而来的任何不幸的第一步。能接受最坏的情况，就能在心理上让你发挥出新的能力。如果我们将忧虑的时间用来寻找解决问题的答案，那么忧虑就会在我们智慧的光芒下消失。我们应该保持热忱与积极的心态，学会用时间和耐心来解决问题。

我们所忧虑的，往往都是些自己无能为力的事情，并且很多时候我们忧虑的只是想象中的"灾难"，现实中，它远没有那么可怕、那么严重。

1943年夏季，世界上大多数烦恼似乎都降临到史密斯先生的头上。

40年来，他的生活一直很顺畅，只有一些身为丈夫、父亲及生意上的小烦忧，他通常也都能从容应付。

可是突然间，接二连三的打击向他袭来，他因为下面这些烦恼，整晚辗转反侧，陷入深深的忧虑之中。

他办的商业学校，因为男孩都入伍作战去了，因此面临严重的财务危机。

他的长子也在军中服役，像其他所有儿子出外作战的父母一样，他非常牵挂担忧。

俄克拉何马市正在征收上地建造机场，他的房子正位于这片土地上，他能得到的赔偿金只有市价的十分之一。

最惨的是，他无家可归，因为城市内的房屋不足，他担心不能找到一所遮蔽一家六口的房子。说不定他们得住在帐篷里，连能不能买到一顶帐篷，他也感到担忧。

他农场上的水井干枯了，因为他房子附近正在挖一条运河。再花500美元重新挖个井，等于把钱丢到水里，因为这片土地已被征收了。

他每天早上得运水去喂牲口，可能要搞两个月，说不定后半辈子都得这么累了。

他住在离商业学校十英里远的地方，限于战时的规定，他又不能买新轮胎，所以他老担心那辆福特牌老爷车，会在前不着村后不着店的荒郊野外抛锚。

他大女儿提前一年高中毕业，她下定决心要念大学，他却筹不出学费，女儿会因此而心碎的。

一天下午，史密斯先生正坐在办公室里为这些事忧虑着，他忽然决定把它们全部写到纸片上，因为这些困难好像已超出他的控制范围。看着这些问题，他觉得束手无策。

一年半以后的一天，史密斯在整理东西时，发现了这张纸片，上面记载着他曾经有过的六大烦恼。但有趣的是，他发现其中没有一件真正发生过：

担心学校无法办下去是没有意义的，因为政府开始拨款训练退役军人，他的学校不久就招满了学生。

担心从军的儿子也没有意义，他毫发无损地回来了。

担心土地被征收去建机场也是无意义的，因为附近发现了油田，因此不可能再被征收。

担心没水喂牲口是无意义的，既然他的土地不会被征收，他就可以花钱掘口新水井。

担心车子在半路上抛锚是无意义的，因为他小心保养维护，倒也坚持下来了。

担心长女的教育经费是无意义的，因为就在大学开学前6天，有人奇迹般地提供给他一份稽查的工作，可以用课后的时间兼差，这份工作帮助他筹足了学费。

99％的忧虑其实不会发生，直到看到自己的这张"烦恼清单"，史密斯先生才明白这个道理。

难忘的经历让史密斯先生体会到，为了根本不会发生的事而饱受煎熬，这是一件多么愚蠢的事啊！

没有人喜欢担心和忧虑，也没有人会喜欢不安全感，因为这与人类本能的自我保护是相悖的。然而忧虑就像天上滴下来的雨水，是你无法抗拒、无法阻止的，你唯一能做的，也许就是找一把伞把自己保护起来，不要让忧虑近身。

今天正是你昨天忧虑的明天。在忧虑时不妨问问你自己：我怎么知道我所忧虑的事真的会发生？

你误解了寂寞，它并不可怕

西方有位哲人在总结自己的一生时说过这样的话："在我整整75年的生命中，我没有过4个星期真正的安宁。这一生只是一块必须时常推上去又不断滚下来的岩石。"安宁难求，追求宁静或者追求寂寞对许多人来说已经成了一个梦想。片刻的宁静难求，长久的宁静也并不是每个人都能够享受的，十足的宁静过后可能会有"无人问你粥可温，无人与你共黄昏"的寂寞感。

现实生活中，许多人害怕寂寞，很少有人能够固守一方清净，独享一分寂寞，更多的人脚步匆匆，奔向繁华喧闹的场合躲避着它，但往往热闹之后的寂寞更加寂寞。如能在热闹中独饮那杯寂寞的清茶，也不失为人生的另一层境界。

寂寞是一种享受。在这喧嚣的尘世之中，要保持心灵的清净，必须学会享受寂寞。寂寞就像个沉默少言的朋友，在清净淡雅的房间里陪你静坐，虽然不会给你谆谆教导，但会引领你反思生活的本质以及生命的真谛。寂寞时你可以回味一下过去的事情，以明得失；可以计划一下未来，未雨绸缪；可以静下心来读点书，让书籍来滋养一下干枯的心田；也可以和妻子一起出去散散步，弥补一下失落的情感；还可以和朋友聊聊天，古也谈，今也谈，不是神仙，胜似神仙。

寂寞不是失意、伤感、无为、消极时把自己与现世隔阂起来的封闭，它是一种难得的感受。不要试图去躲避它，感受到它来临的时候，不妨轻轻地关上门窗，隔去外界的喧闹，一个人独处，细心品味它的滋味。或是坐在桌前，焚一炉檀香，冲一杯咖啡，翻一本酷爱的图书，感受久违的纸墨清香。当然，如果你愿意，尽可以啥也不干，只是坐在那里沉思，思考人生，思考大脑中存储的一切。如果你愿意，你也可以什么都不想，只是一个人静静地待上一会儿，让大脑暂时处于休眠状态。

寂寞，它会是你的一个知心朋友。在你心烦时，不会打扰你，也不会对你有所求。它能为你保守秘密，虽然它无言无语，却能让你更好地认清自己。它不会对你指手画脚，却能让你以更加自信的步伐迈好人生的下一步。

清代曾国藩向一个修行极高的出家人请教养生之道。出家人磨墨运笔，龙飞凤舞地写了一张处方递给他。

曾国藩接过处方又问道："现在正是盛夏之时，天气炎热，弟子往日总感到屋内沸腾，如坐蒸笼，为何今日在大师这里似乎有凉风吹面一样，一点也不觉得热呢？"

出家人朗声说道："乃静耳。老子云：'清静物之正。'南华真人发挥得更详尽：'水静则明烛须眉，平中准，大匠取法焉。水静犹明，而况精神？圣人之心静乎，天地之鉴也，万物之镜也。夫虚静恬淡、寂寞无为者，天地之平而道德之至也。'世间凡夫俗子，为名、为利、为妻室、为子孙，心如何能静？外感热浪，内遭心烦，故燥热难耐。大人或许还要忧国忧民，畏谗惧讥，或许心有不解之结，肩有未卸之任，也不能心平气静下来，故有如坐蒸笼之感。切脉时,我以己心之静感染了你,所以你就不再觉得热了。"

人在充满焦虑的时候,灵魂和内心更需要独处时的宁静。这片宁静可能在高山上,也可能在大海边,更可能藏在一所乡村小屋中,只要敢于独处,用心去体味,就能体会到它的妙用。

不要害怕寂寞,它能够使你暂时放下心中的惦念,获得片刻悠闲,很多时候,享受寂寞就是在享受生活。

自立是唯一稳妥的生活方式

你凭什么能在这个世界上生存下来,而且生存得比其他人更好?

答案有两种:一是你有庞大的家业可继承,天生就可以过衣食无忧的生活;二是你具备优秀的生存本领,凭智慧和汗水获得了想要的幸福。

一向养尊处优的你,或许不用考虑生存的压力,因为即使天塌下来也有父母为你扛着。

然而,不管一个人是否有能干的父母,还是有不菲的家业做后盾,他都必须有生存的本领,不能依靠别人生活一辈子。否则,一旦失去后盾,他将会变得一无所有,甚至连生存都成问题。

几年前美国加州的蒙特雷镇发生了一场鹈鹕危机。蒙特雷镇一直是鹈鹕的天堂,可那一年鹈鹕的数量却骤然减少,生物学家担心出现了禽鸟瘟疫,环境学家认为海水污染已经超过极限,一时间人心惶惶。

科学家们最后发现原因不过是出在镇上新建的钓饵加工厂。以往，蒙特雷镇的渔民在海边收拾鱼虾时，总是把鱼内脏扔给鹈鹕吃。久而久之，鹈鹕变得又肥又懒，完全依赖渔民的施舍过活。后来，蒙特雷镇建起了一座加工厂，从渔民那里收购鱼内脏，作为原料生产钓饵。自从鱼内脏有了商业价值，鹈鹕们的免费午餐就没了。

过惯了饭来张口的日子，鹈鹕仍然日复一日等在渔船附近，期盼食物能从天而降，然而，救命的鱼内脏没有降临，它们变得又瘦又弱，很多都饿死了。世世代代靠别人养活的蒙特雷鹈鹕已经丧失了捕鱼的本能！

或许现在的你，正像鹈鹕一样，为一直以来吃着父母提供的食物而沾沾自喜。吃饱了上一顿，继续等待家人提供下一顿，可你为什么不想想鹈鹕失去免费食物后的潦倒状况呢？

如果过惯了养尊处优的生活，很容易变得懒惰，失去理想和追求，我们的生活也就失去了意义。

雨季的一天，下着瓢泼大雨，一个男人在屋檐下躲雨，看见一位禅师打着雨伞走过来，大声喊道："禅师，度我一程如何？"

禅师看了一眼向他求助的男人，说道："我在雨里，你躲在屋檐下，何必要我度你呢？"

听禅师这么说，男人立刻冲到雨中："现在我也在雨中了，应该可以度我了吧？"

禅师说："我也在雨中，你也在雨中。我没有淋雨是因为我撑了雨伞，你挨雨淋了是因为你没有带伞。准确地说，不是我度你，而是我的伞度我。如果要度，不必找我，请你去找自己的伞。"

这个人浑身都湿透了，生气地说："不愿度我就直说，何必绕这么大的圈子。我看你不是'普度众生'而是'专度自己'！"

禅师听了没有生气，心平气和地说："想要不淋雨，就要自己找一把伞。这些天来天天在下雨，下雨天出门不带伞，只想着别人肯定会带伞，理所当然地认为会有带伞的人来为你遮挡风雨，所以才会挨雨淋。别人的伞不大，自己也要靠这把伞来遮挡，你凭什么要拿伞的人来照顾你呢？"

最后，禅师还说："你自己不带好遮挡风雨的东西，只想着靠别人来度自己，这种想法最害人，到头来必定会遭报应的。"

记住禅师的告诫，做人要承担起对自己的那份责任，照顾好自己，不要指望别人为你遮风挡雨。

人生就是阳光灿烂与风雨交加轮换交织的过程，每个人都难以避开自己不喜欢的风风雨雨，这是必须正视的命运。要避免在旅途中受到狂风暴雨的摧残，就要撑起为自己遮风挡雨的雨伞。如果像这个雨季出门不打伞的人那样，把希望寄托在别人身上，结局也只能是和他一样。因为，其他人与这个禅师一样，靠自己的伞只能给自己遮挡风雨，没有更多的力量为你遮挡风雨。

找到自己喜欢的好工作，在竞争中不被淘汰出局，好机会出现的时候抓住它，照顾好自己的身体，解决遇到的困难，挺过寒冬……这些都是你对自己的责任，事关你的明天，甚至一生，要靠你自己，不能指望别人为你解决这些问题。

你是一个自由人。自由，意味着没有人能随便约束你的行动，也没有人能承担起照顾你的责任。即使有人能够帮你一些，也不可能代替你自己，最重的还得你自己扛。你不能指望无权无势的父母帮你搞定上海的一份好工作；你不能指望做生意发了财的同学把自己的房子送给你；你不能指望病了的时候有人为你承担病痛；你不能指望被辞退的时候有人为你找老板说情……

你就是自己人生成败的第一责任人。你的一生要靠你自己，不要把希望寄托在别人身上，不要指望别人为你遮挡生活中不可避免的风风雨雨，不要成为亲朋好友的负担，更不要成为令人头疼的"麻烦制造者"，即使这个世界上有免费餐，也不可以随意吃。

如果想在这个世界上生存下去，生活得更好，就应该靠自己的努力去争取。让自己独立，依靠自己是唯一稳妥的生活方式。

美国的富商、石油巨子大卫·洛克菲勒的成长经历就是很好的例子。

大卫是石油大王约翰·洛克菲勒的儿子，他出生的时候，家里已经有亿万的财产，可他每周只能得到三角零用钱。同时，按父亲的要求，每人还必须准备一个小账本，将三角钱的使用去向记录在上面。经过检查，如果使用合理，还能得到奖励。

他的父亲让他从小就懂得了金钱的价值，零用钱是有限的，如果想获得更多的钱，怎么办？方法只有一个：自己去赚。

大卫小的时候，从家庭杂务中挣钱：捉走廊上的苍蝇100只，得一角钱；抓阁楼上的老鼠，每只可得到五分钱。他有一招更绝，他设法取得了为全家人擦皮鞋的特权，然而，他必须在清晨6点起床，以便在全家人起床之前完成工作，擦一双皮鞋五分钱，一双长统靴一角钱。

大卫有一位大学同学，是花钱大手大脚的富家子弟，他可以在开口索要之前就得到想要的任何东西。可大卫说："他是我认识的最不幸的人，他换了无数次工作，永远也不会发挥自己的能力。"

正是这种"想要用钱自己挣"的思想，激励着大卫后来取得了辉煌的成就，将父亲约翰·洛克菲勒的财富延续了下去。

自立，虽然暂时迫使你抛掉了眼前的锦衣玉食，甚至要吃不少苦头，但它却是你今后获得幸福生活的资本；而依赖和懒惰，尽管给现在的你提供了安逸的生活，却是你精神上的毒瘤，让你的人生腐朽，堕落潦倒。不管你的家底多么丰厚，也不应该呆在家里"坐吃"父母，一味"啃老"，而要多寻找机会，锻炼自己、独立自强。不要等到老了，时光与青春都失去了才追悔莫及。

变味的朋友圈你烦不烦？

酒肉朋友再多也无益处，无非吃喝玩乐，遇难事照样没人帮你。

传说大觉寺附近的鹿病了，群鹿去看望，吃光了附近所有的草。后来鹿的病好了，却因找不到草吃而饿死了。拜庙于此的虚云禅师便告诫香客："结交酒肉朋友，有害无益。"

孙莹能写一手好文章，因此在单位里得了个"才女"的称号，所以一般领导要写个总结、提案啥的都会找她。有一天，孙莹正在做自己的财务报表，自己的领导说下午三点之前急需三份不同的文字材料，让她及时赶出来，但是一看时间现在已经是上午的十点多了，铁定是做不完的。无奈之下，只好拨通了一位朋友的电话求助，这位朋友是一家杂志社的编辑，是个爽快人，听此情况后二话没说就来了。

中午十一点左右，这位朋友带着他的一位朋友如约来到孙莹的办公室。一番介绍后,就开始天南地北地胡侃。从世界政坛到金融危机,从古希腊文明到历史渊源,从甲骨文的鉴别到第四代简化字的使用,孙莹一面陪着漫天胡侃,一面瞅着墙上的挂钟"咔哒""咔哒"不停地转,心里急得直冒火但也无法发作。转眼半个小时过去了,孙莹看出这位朋友没有要走的意思,将心一横问道:"两位想吃点什么?"这位大笔杆子也不客气,"都是好朋友嘛,就近从简吧!"

于是在附近找了个饭店坐下来。几番推杯换盏后,孙莹的朋友越喝越兴奋,抄起电话一通拨打。就这样你找三个我找两个,不多时,由原来的三人"小聚"变成了五六个人的"团聚",又由原来的六人团聚变成了十来个人的"大聚"。大家彼此间有熟识的,也有陌生的,通过朋友引荐后,便以酒开道、以酒会友,这酒喝起来也就没数了。虽说是一次难得的朋友Party,是一次交流的好机会,无奈孙莹仍有三份材料压在身,本想找朋友帮忙,不想材料一个没有推出去还浪费了不少时间,这种情形下她无心继续恋战,便匆匆结账告辞。回到办公室后,她迅速查找资料,飞速转动脑神经,用最快的速度、最高的效率在规定的时间内交上了全部材料,才长长地舒了口气。这时,她想起了在饭店的朋友们,打电话过去,这些朋友们还在饭店里觥筹交错,而此时已经下午三点了。

有一类人每天游走于各类酒场,交着不同的朋友,朋友越来越多,而真正"沉淀"下来的没有几个。随着经历得越来越多,电话号码也越来越满,而真正痛苦或需要帮助时,把电话号码簿从头翻到尾,竟然一个可以帮上忙的朋友也找不出来,这就是酒肉朋友的悲哀。

结交酒肉朋友就像超速行驶在高速公路上,也许遇到一丁点的状况,就会有车毁人亡的悲剧。换言之,友谊需要经营,但不用刻意追求,否则你认定的酒肉朋友因某事达不到你的期望值

232

时，你将会因此而痛苦不堪。

每个人都希望朋友能够在危难之刻，不离不弃，而不是一遇危险，鸟飞兽散。朋友是一个美好的字眼，请不要让酒肉之交玷污了朋友的神圣，那样的人并不是你的朋友，只不过是结伴娱乐的过路人罢了。

谁的人生没低潮，有路就好

有人说美丽的女人是一幅画，色彩艳丽、典雅宜人；温柔的女人是一首诗，清丽婉约、韵味悠长；坚强的女人是一只誓死寻找理想的荆棘鸟，尽管血泪斑斑，伤痕累累，依然会唱出最凄美的歌。世间能有几人，在人生的路上不会有挫折，不会跌倒，不会受伤？不要嘲笑眼泪，眼泪并不代表软弱，但怕的是悲无止境，自闭心扉。

女人这一生都在追寻幸福，而在追求幸福的过程中，无论处于人生的哪一阶段，都可能遇到一些波折和困扰，尤其是一旦遇到感情问题，很多女人就会变得畏缩，甚至溃不成军，拥有强大的内心对于女人来说相当重要，内心强大便可抵御世间风雨。

"太多女人容易把快乐建立在依赖男人才能获得的基础上，要知道，这是非常危险的。人是会变的，事情是会发展的，如果舵盘不在自己手中，很容易陷进生活的旋涡中无法自拔。

真正强大的内心,是无论发生什么事,都能够自己担当,也能够找到令自己快乐生活的方式,一颗强大的内心是女人最有力的防护。现实世界中,没有什么稳定与不稳定,当然也不存在永恒,自己的心稳定、强大才是最安全的。真正的安全感是自己给自己的,女人外表可以柔弱,但是内心一定要强大。只有把自己的内心炼得像钻石一般坚硬,才经得起困难的打磨;同时,还要让自己像流水一样柔,才能抵挡世俗的浸淫。"

1967年夏天,美国跳水运动员乔妮·埃里克森在一次跳水事故中身负重伤,全身瘫痪。

那时,乔妮哭了,绝望了,她不能接受这个残酷的现实。出院后,她叫家人把她推到跳水池旁。她注视着那蓝盈盈的水波,仰望着高高的跳台,忍不住偷偷地哭了起来。她知道她再也不能站立在那令她神往的跳板上,再也无法融入到那蓝盈盈的水波中了。

从此她被迫结束了自己的跳水生涯,那条通向跳水冠军领奖台的路上再也看不见她的踪影。

她一度绝望过,但她的心中还有信念。她拒绝了死神的召唤,开始冷静地思索人生的价值和生命的意义。

她借阅了很多成功励志书籍为自己加油鼓气。虽然她全身瘫痪,但视力还很好,只是手指不灵活,读书变得十分艰难。她只能靠嘴衔根小竹片去翻书。

但每一本书她都认认真真地用心去读,去感悟。有时病痛和疲惫常常迫使她停下来,休息片刻后,她还会坚持读下去。

慢慢地,她阳光了,她释然了:我的身体是残疾了,但是我的心没有残疾,我还有信念!许多人残疾以后,却在另外一条道路上获得了成功。他们有的创造了盲文,有的成了作家,有的创造出美妙的乐曲,我为什么不能?于是,她开始好好地审视自己。

她想起来她除了喜欢跳水之外，对画画也很感兴趣。为什么不能在画画方面有所成就呢？想到这里，这位纤弱的姑娘变得更加自信，更加坚强。她捡起了中学时代曾经用过的画笔，用嘴衔着，开始练习画画。这是一个多么艰辛和痛苦的过程啊。

用嘴画画？家里人连听也未曾听说过。他们怕她不成功后会更伤心，纷纷劝阻她："乔妮，别那么折磨自己了，用嘴画画怎么可能，我们会养活你的。"可是，他们的话不但没有打消乔妮的热情，反而激起了她学画的决心："我怎么能让家人养活我一辈子呢？"她更加刻苦了，常常累得头晕目眩，汗水漫进双眼，又辣又痛，为艰难而落下的泪水也一滴滴浸湿着画纸。为了积累素材，她还常常乘车外出，拜访艺术大师。好多年过去了，她的辛勤付出终于有了回报，她的一幅风景油画在一次画展上展出后在美术界好评如潮。

1976年，她的自传《乔妮》一经问世便轰动了文坛。她收到了数以万计的热情洋溢的读者来信。两年之后，她的《再前进一步》一书又出版了。该书以作者的亲身经历向身患残疾的朋友讲述了应该怎样战胜病痛，如何立志成才。后来，这本书被搬上了银幕，影片的主角由乔妮自己饰演，她成了千千万万个青年尊崇的偶像和学习的榜样。

乔妮用自己的行动告诉了人们一个深刻的道理：只要你内心强大，这个世界便不存在能打败你的对手，除非你自己先投降；有些时候向命运抗争本身就是一种胜利。

卡耐基曾说过："内心的力量是女人的软实力。"在人生的风浪中，我们应该学会去修练内功——内心的力量。

人生不可能总是一帆风顺，所以你应当有一个明确的认识，那就是人的一辈子必定有风有浪，不一定会一路阳光。所以当你遇到挫折时，请不要沮丧，而是要冷静地看待它、面对它。

当你遇到令人伤心的事情时，你的第一个念头是要告诉自己："它来了,这是必经的过程,只有自己能够帮助自己,所以我要勇敢地面对现实,现在就想办法解决它。"你要不断地用心灵的力量来为自己打气,然后要比平时更坚强,才能让自己走过生命的黑暗期,迎向灿烂的光明期。

WE
HAVE
BEEN
WORKING
HARD

PART 10

不攀附
会讲究，

拥抱
刚刚好的
幸福

一位哲人说过：上帝要毁灭一个人，必先使他疯狂。因此我们必须学会控制自己，才能把握人生。希望你不攀附会讲究能将就，拥抱刚刚好的幸福。

且听幸福的声音

　　这几年大部分的时间都待在北方，南方的家里人总叮嘱我要多吃梨，北方干燥着呢。于我而言，北方最让我爱恨交织的是风，一年四季都会刮一阵。每次风起时，我就喜欢一个人静静地待着，什么也不去想，只是去感受，风声吟唱，也带来幸福的交响曲。

　　我不是一个旅行家，但是我走过不少的地方。从"世界屋脊"的西藏到"童话世界"的九寨沟；从"神路"笔架山到黄龙山顶奇幻的五彩池。我在很多美丽的地方留下过自己的足迹，除了看大自然创造的美妙风景，我还喜欢去倾听周围的一切声音。

　　纳木错岸边，风在吟诵着经幡上的经文；大理的蝴蝶泉边，风传送来花的歌声；五彩滩上望着天边，风在诉说大地的故事。

　　人可以追求或选择自己喜欢的生活方式，却无法摒弃生活的本质。生活原本就如一缕清风，有人喜欢丰富刺激的生活，于是风吹来许多不同的味道；有人喜欢苦中作乐的生活，于是风把咖啡的香气带到你面前；有人喜欢在生活中多加点甜蜜，于是风里夹杂了淡淡的水果香；有人喜欢把生活泡成茶，于是风便让花在空气里呼吸。还有人什么也不加，只喜欢原汁原味的那种自然。

风游荡在空气中，环绕在我们的身边总在倾诉着什么，你倾听了吗？

我们拥有一双明亮的眼睛，但是正因如此我们往往忽略掉倾听。我们愿意用眼睛直观地看世界，而很少用心去聆听世界对我们说的那些发自"肺腑"的宣言。

其实倾听也可以看到一个美好的世界。

北京 2008 年残奥会开幕式上，一首《天域》在"鸟巢"的夜空响彻寰宇，现场 9 万多名观众为之震撼，电视机前的观众也为之惊叹——因为，他是一位盲人歌手！他叫杨海涛，来自中国残疾人艺术团。

杨海涛说，北京残奥会开幕式的演出，是他成长 20 多年来第一次面对这么大的演出场合，内心非常激动。早在演出开始的前两个多小时，他就来到后台候场。别人告诉他没必要这么早过来，可杨海涛内心有自己的考量，因为他知道，这样的演出机会实在是太难得了。虽然他看不见，但可以倾听，可以感受，提前来的目的，就是想感受坐满观众的"鸟巢"的热烈氛围，对于黑暗中的他而言，现场的氛围将会给他带来灵感，会让他的状态更佳。

他看不到这个世界，但是他可以用耳朵和心来感受这个世界，他把所有的声音都变成了他的一种幸福。

如果说，杨海涛有一双能"看见"这个世界的耳朵，那么海伦·凯勒就是有一颗心，也帮助她"看见"这个世界。她还说过，世界上最美丽的东西，看不见也摸不着，要靠心灵去感受。

海伦·凯勒的世界黑暗而又寂寞。她看不到也听不到，在一岁零七个月时，突如其来的猩红热产生的高烧就使海伦失明、失聪，成为一个集盲、聋、哑于一身的残疾人。由于聋盲儿童没有获取正确信息的途径，心灵之窗被禁锢造成她性格乖戾，脾气暴躁。

但是有一天，一位家庭教师教会了她用心去"倾听"世界。从此海伦平静了下来。

她开始喜欢信马由缰地徜徉在森林中，也喜欢月夜泛舟，靠水草、睡莲散发出的芬芳来辨别方向。

她还喜欢骑着双人自行车兜风，在飞驰中体会力量和速度，并像男孩子一样在国际象棋的较量中发光发彩……

她还爱大自然，站在尼亚加拉大瀑布前虽看不到飞流直下三千尺的人间胜景，听不到那震耳欲聋的轰鸣，却可以从空气的震颤中领略到世界最宏大的瀑布的雄奇壮观。

海伦·凯勒的生活是幸福的，充实的。

其实，幸福很简单，很平常。可能你的手里正握着它；可能它正化身清风，围绕在你身前。只需要你付出一点倾听的耐心，幸福的声音就会如一段天籁般灌入到你的生活里。

静下心来，仔细倾听幸福这阵风的声音……

找到自我的身心自由

很多人会问,什么样的生活最幸福呢?修昔底斯曾说过,要自由,才能有幸福;要勇敢,才能有自由。匈牙利诗人裴多菲在他的《自由与爱情》这首诗里也写道:"生命诚可贵,爱情价更高;若为自由故,两者皆可抛!"

我想,自由才是幸福的模样。每个人对自由的见解都不一样,对所获得的幸福的衡量也会有所不同。找到最适合自己的生活方式,人人都能拥抱幸福。

曾看到过这样一个小故事:

上帝派天使甲和天使乙在人间巡游,于是两位天使便看到这样有趣的一幕:

一个衣衫褴褛的乞丐看到一个男孩左手拿着面包,右手拿着牛奶,边走边吃。乞丐摸了摸饥肠辘辘的肚皮,咽下一团又一团口水,羡慕地自言自语:"哎,能吃饱饭,真幸福呀!"

那位小男孩刚走了几步,就看到一个女孩坐在爸爸的摩托车后座上去了肯德基,买了一个大号的外带全家桶,开心地啃着汉堡,吸着可乐!小男孩于是看了看自己手中的面包和牛奶,羡慕地自言自语:"唉!能吃这么多美味,真幸福呀!"

啃着汉堡包的小女孩坐在爸爸的摩托车后座上,忽然看到一辆漂亮的黑色小轿车从身旁驶过,绝尘而去!小女孩想:"能开这么漂亮的车子,真幸福呀!"

而小轿车里坐着的却是一个逃犯,他正在逃避警察的追捕,可他终究还是被警方逮到了,警察给他戴上了冰凉的手铐,坐在警灯闪烁的警车里。他透过车窗看到一个乞丐在路上漫无目的地走着,于是他羡慕地朝乞丐喊了一声:"唉,可以自由自在不受束缚,多幸福呀!"

乞丐听到那人的话,心里一下高兴起来了,原来,自己也是幸福的,以前怎么没有发现啊!于是,他手舞足蹈地一路唱着歌去了。

两位天使回去后,他们向上帝汇报了在人间所见到的这一切,并述说了心中的困惑:"为什么乞丐也是幸福的呢?"

上帝微笑着说:"人生来就拥有幸福的权利,只是一些人没有去主动发现幸福而已。但不管怎么说,选择适合自己的生活方式,能够自由自在的人,最容易获得幸福。"

现代社会里,激烈的全方位竞争、复杂的人际关系、快速的生活节奏,给人们的心理和生理带来了很大的压力,使他们对幸福也茫然起来了,总是把幸福放在别处,而不会从自身去寻找,自然就会觉得幸福难觅。

生活中,左右羁绊和束缚我们的可能是不知餍足的物欲。没有谁的生活是一帆风顺的,多多少少都会受到一些外来条件的束缚。但是,外来的束缚其实是可以通过内心来化解的,主要在于能否找到一种属于自己的生活方式。

曾有这样一位将幸福寄托在儿子身上的父亲。当年，儿子一心想要学艺术，并且有很高的天赋。但是父亲却说，学艺术的人都是叫花子，他养儿子读书，就是为了能让他住到城里去，这是他的一种强烈的渴望。自从儿子读书以后，父亲逢人就说，他的儿子学习不错，以后大学毕业了，在城里买房，他们一家就搬到城里去了。城里的生活，想想，该有多美好啊！

儿子一直都很听话，父亲说的他都听，所以成绩一直很好，最后帮父亲实现了愿望——他在城里工作了，并且很快拥有了一个属于自己的家。

春节了，儿子说要接父亲到城里去住。而平时他因工作忙，没时间照顾父亲。那是父亲第一次出远门，坐在车里往窗外看，外面花花绿绿的世界让父亲很兴奋，他就像孩子似的整个晚上都没有睡着，一直都在看外面的世界。

后来住在儿子的家里，父亲越来越不高兴了，感觉一切都无法适应。他不明白，城里人上厕所怎么会在家里；他不明白，城里人吃饭怎么吃得那么少；他晚上睡不着，因为床太软；就连在家吸纸烟，他也不习惯，平时想抽一口旱烟吧，一看儿媳妇那张痛苦的面孔，他就感觉很内疚。更要命的是，他的心里总是闲不下来，总想找点事情做，在家时，他会割草、砍柴、放牛、喂猪……他想，这就是自己渴望了大半辈子的生活吗？

终于，在儿子的家中熬过一个月之后，他愁眉苦脸地来到儿子面前，说："你还是让我回家吧！爸希望你以后多存点钱，让爸在乡下养老，这城里的幸福，爸是享受不了了。"

回到了家乡，父亲的脸上又露出了笑容，逢人便说，那城里的生活，真不是人过的，哪有在乡下舒服，自由自在多快活！

人活一辈子都在忙些什么呢？各种回答最后大概都可以归结为：我们在追求幸福。其实，仔细想想，不难发现，那些幸福的人们，他们都是身心自由的人。贫穷也好，富裕也好，他们都能努力找到一种适合自己的生活方式，然后抛开烦恼，自由自在地活着。

你要快乐，就快乐

快乐掌握在自己的手里，它是一种选择，不同的人对快乐的感知是不同的。有人觉得三餐温饱就很快乐，但有人就觉得要腰缠万贯才会快乐，改变自己的想法其实就能让自己跟快乐更近，你要相信，我要快乐，我就可以很快乐！

包希尔·戴尔是一位眼睛几乎瞎了的不幸女人，但是她的生活却并不是像我们所想象的那样糟糕。因为她始终坚信，只要她来到了这个世界上，就是合理的。用她的话说，她相信有所谓的命运，但是她更相信快乐。因为她自己就是一个在厨房的洗碗槽里也能寻求到快乐的人。

包希尔·戴尔的眼睛处在几近失明状态很长时间了。她在自己所写的名为《我要看》的一本书中这样写道："我只有一只眼睛，而且还被严重的外伤给遮住了，仅仅在眼睛的左方留有一个小孔，所以每当我要看书的时候，我必须把书拿起来靠在脸上，并且用力扭转我的眼珠从左方的洞孔向外看。"但是，她拒绝别人的同情，也不希望别人认为她与一般人有什么不一样。

当她还是一个小孩子的时候，她想要和其他的小孩子一起玩踢石子的游戏，但是她的眼睛却看不到地上所画的标记，因此无法加入他们，于是，等到其他的小孩子都回家去了之后，她就趴在他们玩耍的场地上，沿着地上所画的标记，用她的眼睛贴着它们看，并且，把场地上所有相关的事物都默记在心里，之后不久，她就变成踢石子游戏的高手了。她一般都是在家里读书的，首先，她先将书本拿去放大影印之后，再用手将它们拿到眼睛前面，并且几乎是贴到她的眼睛的距离，以致她的睫毛都碰到了书本，就是在这种情况下，她还获得了两个学位，一个是明尼苏达大学的美术学士，另一个是哥伦比亚大学的美术硕士。

到了1943年，那时她已52岁了，也就在那个时候发生了奇迹。她在一家诊所动了一次眼部手术，没想到却使她的眼睛能够看到比原先远40倍的距离。尤其是当她在厨房做事的时候，她发现即使在洗碗槽内清洗碗碟，也会有令人心情激荡的情景出现。她又继续写道："当我在洗碗的时候，我一面洗一面玩弄着白色绒毛似的肥皂水，我用手在里面搅动，然后用手捧起了一堆细小的肥皂泡泡，把它们拿得高高的对着光看，在那些小小的泡泡里面，我看到了鲜艳夺目好似彩虹般的光彩。"

当从洗碗槽上方的窗户向外看的时候，她还看到了一群灰黑色的麻雀，正在下着大雪的空中飞翔。她发现自己在观赏肥皂泡泡与麻雀时的心情，是那么的愉快与忘我。因此，她在书中的结语中写道："我轻声地对自己说，亲爱的上帝，我们的天父，感谢你，非常非常感谢你！"

我们没有包希尔·戴尔那样不幸，但其实再不幸的人也都能找到快乐，所以她活得很快乐。

总之，快乐是离我们很近的。调整好自己的心态，多多去寻觅，生活中多的是让我们快乐的事儿。

幸与不幸全在内心

一个人的内心模样往往会关系到一个人的命运，要想时刻都过得愉快，那就得让自己的内心在自己的掌控之中。你拥有什么样的内心，就拥有什么样的生活能量，这种能量将决定你能否获得幸福的人生。幸与不幸全在自己。

一个幸福的人，并不是在人生道路上多么一帆风顺，也不是能力有多么超群，而只是因为善于控制自己的内心，能在狂风暴雨中看到美丽的彩虹，甚至能在一败涂地中看到美好的未来，并时刻保持一种良好的心理状态，不为暂时的困厄而沮丧。

相反，一个不幸福的人，也并不是真的缺少运气，甚至像某些人说的老天无眼，给自己的保佑不够多。原因仅仅是这种人不会控制自己的内心，任自己的情绪跟随发生的事情恣意放纵。

总而言之，幸与不幸全在于内心。内心处于平衡状态，则会感到幸福；相反，则感觉不幸。平衡的内心是指一个人能够控制自己的思维和情绪，使自己处于一个良好的心理状态。生活中的非理性因素实在是太多了，以致于我们常常会因为这些非理性的因素而控制不住自己的内心，导致一些原本不该发生的事情发生。经过分析，这些困扰人类多年的非理性因素有如下几种：嫉妒、愤怒、恐惧、抑郁、紧张，还有狂躁和猜疑。这些都是再平常不过的心理因素了，看似极其平常，却往往可以决定一个人的成败得失。

塞尔玛是一个普通的随军家属，一次，她陪伴丈夫驻扎在一个沙漠的陆军基地里。

丈夫奉命到沙漠里去演习，她一个人留在陆军的小铁皮房子里。天气热得受不了——即使在仙人掌的阴影下也有50多度。她没有人可以谈天——身边只有墨西哥人和印第安人，而他们不会说英语。她非常难过，于是就写信给父母，说要丢开一切回家去。不久，她收到了父亲的回信。信中只有短短的一句话："两个人从牢房的铁窗望出去，一个看到泥土，一个却看到了星星。"

读了父亲的来信，塞尔玛觉得非常惭愧，她决定在沙漠中寻找"星星"。塞尔玛开始和当地人交朋友，她对他们的纺织、陶器很有兴趣，他们就把自己最喜欢的纺织品和陶器送给她。塞尔玛研究那些引人入迷的仙人掌和各种沙漠植物，观看沙漠日落，还研究海螺壳，这些海螺壳是几万年前当沙漠还是海洋时留下来的⋯⋯

原来难以忍受的环境变成了令人兴奋、令人流连忘返的奇景。塞尔玛为自己的发现兴奋不已，并就此写了一本书，以《快乐的城堡》为书名出版了。是什么使塞尔玛的内心发生了这么大的改变呢？沙漠没有改变，印第安人也没有改变，改变的只是她的心态，转变一下心态，让她把原先认为恶劣的情况变为了一段在她一生中最快乐、最有意义的经历，塞尔玛终于找到了属于自己的"星星"。

同样的半杯水，乐观者会说："幸好，杯子里还有半杯水。"悲观者看到，会忧郁地想："糟糕，只剩下半杯了。"一念之差，结果迥异。对于那半杯水而言，无论被人如何看待，都不会为了外界的任何想法而改变它存在的方式。说到底，幸与不幸，一切也只在人心。

如果为了一颗逝去的流星哭泣，失去的可能是整个星空。换一种心态面对生活，让自己快乐起来，也许会发现，自己得到的更多。

俄国作家契诃夫曾写道："要是火柴在你口袋里燃烧起来了，那你应该高兴，而且感谢上苍，多亏你的口袋不是火药库。要是你的手指扎了一根刺，那你应该高兴，挺好，多亏这根刺不是扎在眼睛里。依此类推……照我的劝告去做吧，你的生活就会欢乐无穷。"

常常听到这句话："想想你自己的幸福。"是的，如果数数我们的幸福，大约有90％的事还不错，只有10％不太好。如果我们要快乐，就要多想想90％的好，而不去理会那10％的不好。

其实，即使那所谓10％的不好，大部分还是由于自己想象的。如果能突破自己心灵的禁锢，又可以收获不少快乐。

抱怨像病毒一样会传播

抱怨世界、抱怨生活的糟糕,不过是内心的映射罢了。如果我们时刻保持一种乐观的心态,就会发现世界其实很美,生活其实很好。心好了,人好了,一切都会好起来。想要改变现状,改变不如意,就要先把抱怨远远抛开。

露易丝是一位面目清秀的女子,一天她在街上见到了许多年前的一位友人贝蒂,她被贝蒂吓了一跳,因为她完全认不出眼前的女子竟是多年前那位娉婷可人的大美女,女友却很平静地说:"你是不是觉得我变老了好多啊。"这让露易丝感到很诧异,她觉得贝蒂不只人老了,心也变老了。

贝蒂继续说:"很不幸,我的婚姻出现了裂痕,最近我总是陷入其中无法自拔,虽然我和他并没有吵架,但是我总感觉他对我越来越冷漠了,我自己也变得越来越狰狞、刻薄。我想让他时时刻刻在我身边,我不想让他看别的女人一眼,难道是我失去魅力了吗？我讨厌这样的婚姻，我也讨厌这样的自己。"

露易丝笑着说："亲爱的，千万别这样想，你应该找回从前那个乐观开朗的自己。不要抱怨他，不要抱怨婚姻。也许他的确有错，但是你的抱怨只会令他想要逃离。你不妨先放下心中的抱怨，换一个角度，站在他的立场上想想，看看是不是自己也犯下了什么令他伤心的错误，好吗？"

就这样，虽然贝蒂不愿相信自己也有错，但是还是按照露易丝的话尝试了一番。

没过几天，露易丝又接到了贝蒂的电话："亲爱的，谢谢你，我们和好了。原来只是一点小误会，但是因为我的抱怨反而让彼此都难以敞开心扉。我现在终于想明白了，女人实在不该抱怨。"

从那以后，贝蒂终于找回了从前的神采，每一天都容光焕发，活脱脱一个和多年前一模一样的大美女。

我们想获得幸福，就不要把生活变成嘴里的闲言碎语。要么宽容，要么放弃。与其自暴自弃，就此沉沦，不如调整心态，重新思考。聪明的人从不会用抱怨来计较生活，抱怨和等待往往只会让生活更糟糕，他们会试着改变可以改变的，接受无法改变的，找个合适的方式，把心里的垃圾丢掉，注入新鲜的空气。每一次的更新，都会让幸福升级。

周丽丽看着儿子杂乱无章的书桌，火冒三丈。丈夫却在客厅里看电视，视而不见。她心里觉得委屈，白天上班忙碌，晚上回家还要洗衣、做饭、收拾屋子。她像往常一样，走出来指着丈夫的脑袋抱怨："怎么现在你变得这么懒散？连吃饭你都懒得拿筷子！你的眼睛掉到电视里去了？屋子里乱得没处下脚，你看不见吗？"

丈夫不理她，依然我行我素。其实，这样的抱怨从几年前就开始了。儿子如今上小学了,他们两个都要上班,周丽丽下班早,家里的琐事自然就全归她做了。

"现在的好男人都到哪里去了,怎么让我碰见你这样的,衣服已经堆三天了,你不管不问,饭后从来不洗碗,儿子的家庭作业你也不辅导,你就只会在家里看电视。你就真的一点都不帮忙吗?"周丽丽越想越来气,索性拿个杯子往丈夫身上砸去。

"好了,你可以不做啊,谁强迫你做这些事情?少干点活,大家就不能活吗?"丈夫忍无可忍,回了几句话。周丽丽听了更生气了,变本加厉地指责丈夫,后来甚至动手打骂,然后是摔东西,简直就像个泼妇。

周丽丽觉得委屈,自己任劳任怨做了那么多事情,难道抱怨两句都不行吗?她收拾东西回到母亲家里,眼泪淌了一地。母亲看见既心疼又无奈,对周丽丽说起自己年轻的时候,也和她一样见不得"不公平"的事情,也曾抱怨在婚姻中受了委屈。后来,因为丽丽的父亲被调到外省工作一年,她才觉得,家里如此空旷。那些日子,再脏再乱再苦,也得自己一个人承受,抱怨也无济于事。可就是那一年,母亲想通了:能有个人相伴相守,每天说说话,就是一种幸福,至于洗衣做饭,那都是小事,又算得了什么呢?

周丽丽平复好心情后回到家里,看到家门口等待的丈夫和他怀里熟睡的儿子,忽然觉得令人生厌的日子其实也是一种幸福。只是,自己被抱怨迷惑了,从未用心去体味过。

不抱怨的人,能透过苦难看到将来的幸福,不抱怨的人对未来充满希望,不会轻易被眼前的辛苦冲昏头脑,不会让情绪蔓延,不会怨天尤人,不会唠叨不休,给生活带上不满的枷锁。苦难只是一时的,风雨也会过去,彩虹终会绽放,天空终会晴朗。

不抱怨的人,有自己的修养和气度,有自己的思想和主见,生活越是不幸,越要不放弃自己;越是没有人爱,越要好好爱自己。不抱怨的人，不会大喜大悲，更不会在不幸的迷途中停留太久。他们悄悄地收起自己的软弱和狼狈，跨过艰难的考验，勇敢地面对明天，证明自己活在当下，活得精彩。

　　幸福像爱心一样能传递，抱怨像病毒一样会散播。不要为了琐碎的事情抱怨不已，那会让你迷人的气质和魅力在唠叨中消磨殆尽。生活不是甜点，酸苦辣咸都要尝遍，才能明白幸福的真谛。我们要学会创造幸福，感知幸福。

如果命运只给你一个柠檬

如果命运只给你一个柠檬，你会怎么做呢？

自暴自弃的人会说："这下我完了，这就是命，我没有任何机会了。"然后他开始诅咒这个世界不公，并且沉溺在自怜之中。

而聪明人在发现命运只给他留下一个柠檬时，他会说："从这件不幸的事情中，我可以学到什么呢？我怎样才能改变当前的现状，把这个柠檬做成一杯可口的柠檬汁呢？"

著名的心理学家阿德勒花了毕生的精力研究人类未曾开发的潜能之后，认为，人类最奇妙的特性之一，就是能够把"负面改变成正面的力量"。

派蒂·威尔森是一个患有癫痫的少女，但她却树立了不倒的信念，创造了不倒的奇迹。她的父亲吉姆·威尔森习惯每天晨跑。有一天戴着牙套的派蒂兴致勃勃地对父亲说："爸，我想每天跟你一起慢跑。"

父亲回答说："也好，万一你病情发作，我也知道如何处理。我们明天就开始跑吧。"

于是，十几岁的派蒂就这样与跑步结下了不解之缘。和父亲一起晨跑是她一天之中最快乐的时光。在跑步期间，派蒂的病一次也没发作过。

几个礼拜之后，她向父亲表达了自己的心愿："爸，我想打破女子长跑的世界纪录。"她父亲替她查吉尼斯世界纪录，发现女子长跑的最高纪录是128.7千米（80英里）。

当时，读高一的派蒂为自己制定了一个长远的目标："今年我要从橘郡跑到旧金山643.6千米（400英里）；高二时，要到达俄勒冈州的波特兰2413.5千米（1500英里）；高三时的目标为圣路易市3218千米（约2000英里）；高四则要向白宫前进4827千米（约3000英里）。"

虽然派蒂的身体状况与他人不同，但她仍然满怀热情与理想。对她而言，癫痫只是偶尔给她带来不便的小毛病。她没有因此消极畏缩，相反，她更珍惜自己已经拥有的。

高一时，派蒂一路跑到了旧金山。她父亲陪她跑完了全程，做护士的母亲则开着旅行拖车尾随其后，照料父女两人。

高二时，她在前往波特兰的路上扭伤了脚踝。医生劝告她立刻中止跑步："你的脚踝必须打石膏，否则会造成永久的伤害。"

她回答道："医生，你不了解，跑步不是我一时的兴趣，而是我一辈子的至爱。我跑步不单是为了自己，同时也是要向所有人证明，身有残缺的人照样能跑马拉松。有什么方法能让我跑完这段路？"

医生表示可用黏合剂先将受损处接合，而不用打石膏；但他警告说，这样会起水泡，到时会疼痛难耐。派蒂二话没说便点头答应了。

派蒂终于来到波特兰，俄勒冈州州长还陪她跑完最后一程。一面写着红字的横幅早在终点等着她："超级长跑女将，派蒂·威尔森在17岁生日这天创造了辉煌的纪录。"

高中的最后一年，派蒂花了四个月的时间，由西海岸长跑到东海岸，最后抵达华盛顿，并接受了总统召见。她告诉总统："我想让其他人知道，癫痫患者与一般人无异，也能过正常的生活。"

卡耐基说：并非苦难成就天才，也不是天才特别热爱苦难。很多人都会碰到苦难，只是有的人退缩了，有的人却克服了。退缩的人就此沉没，克服的人成了天才。

所以，当我们在生活中遇到困难时，不要自暴自弃，也不要抱怨命运的不公，而是改变自己的心态，把那些消极因素转变成积极因素。这样你才能得到更多的快乐。

如果你正处于无法忍受的痛苦之中，那么就请记住这句话："如果有一个柠檬，就用它做一杯柠檬水。"你会因为这杯柠檬水快乐，从而获得更多的幸福。

好好享受在当下

我们生活在今天,生活在此时此刻,既不是过去也不是未来,我们的生活,仅仅只是当下。活在现在,就是当下,就是眼前,把握好眼前的生活,我们才能创造出最有希望的生活。

当生命即将结束的时候,问问自己:你这一生想做的事你都做了吗?你有没有好好笑过、真正快乐过?你觉得了无遗憾吗?

你这一生是怎么过的:年少,你拼命学习,想挤进一流的大学;随后,你希望赶快毕业,找一份好工作;接着,你又迫不及待地结婚、生小孩,然后,你又整天盼望小孩快点长大,好减轻你的负担;小孩长大了,你又恨不得赶快退休;最后,你真的退休了,不过,你也老得几乎连路都走不动了……当你正想停下来好好喘口气的时候,生命也快要结束了。

其实,大多数人都是这样迷迷糊糊地度过一生的。他们一生劳碌,时时刻刻为未来担忧,为未来做准备,一心一意计划着以后发生的事，却忘了最重要的现在，等到时间就这样流逝，在他们垂垂老矣时，才恍然大悟"时不我与"。

活在当下，并不是说不为明天做准备，而是不要为明天的事情而盲目焦虑，尽量做好眼前的事情吧，今天是我们最珍贵的资产，也是我们唯一可以拥有的资产。

有位圣哲说过："过去与未来并不是'存在'的东西，而是'存在过'和'可能存在'的东西，唯一'存在'的是现在。"人生就像串联起来的课堂，每一天都有每一天的人生功课，如果今天的功课都无法做好，那么明天的事还是明天再说吧！活在当下是一种全身心地投入人生的生活方式，我们只有活在当下，才能不被过去拖在后面，也不会被未来拉着勉强向前跑，才能将全部的能量集中在这一刻，使生命具有强烈的张力，让自己体会到生活的幸福。

蓝茜是个32岁的单身女子，曾经有过一段长达六年的恋情，但最终没能修成正果。或许是因为"一朝被蛇咬，十年怕井绳"的缘故，这些年蓝茜一直不敢触碰感情，她总担心自己会受伤，更觉得年龄越来越大，经不起感情的折腾。

在一位同学的婚礼上，蓝茜碰到了多年未见的某同学，她穿着时尚，人也显得十分精神。她在酒桌上谈笑风生，给大家发名片，畅谈她目前做的业务和对未来的憧憬。蓝茜觉得时间真是个可怕的东西，它能让人发生不可思议的改变，在她的印象里这位同学在高中时总是柔柔弱弱的，可如今却蜕变成一个如此干练的女人。

后来，蓝茜无意中了解到这个同学离婚了。蓝茜不知道她离婚的具体原因，也不敢妄加评论。但她心里一直在想：如果换做是我，我能够像她一样勇敢地面对生活吗？

那天晚上，蓝茜在日记里写到这样一段话：活着，其实是很当下的一个词语。相爱，本来就没有过去和将来，曾经的柔情和海誓山盟只是过眼云烟，无法找回。既然如此，不如珍惜现在。

哭过之后就算了，一切都可以重新来过!

蓝茜是个聪明的女人，即便她之前浪费了一段宝贵的时间，陷在过去不肯自拔，但她终究还是明白了人要活在当下的真谛。当一个人认真地把握现在，努力享受身边拥有的一切，无论是单身还是恋爱、结婚，我们也都能体会到属于自己的幸福。最可怕的是执迷不悟，停留在美好或伤心的回忆中不肯迈出一步。

到底什么才叫作"当下"，答案很简单，"当下"就是指，你现在正在做的事、待的地方、周围一起工作和生活的人。"活在当下"就是要你把关注的焦点集中在这些人、事、物上面，全心全意、认真地去接纳、品尝、投入和体验这一切。不要总想着，如果明天……我一定会快乐、幸福，要知道欲望是无止境的，真到了"明天"，你可能还会出现新的需求。如果你身在一月，那就做好一月的事，别幻想二月的阴晴不定，因为你在幻想的过程中很可能就丧失了一月出现的良机。别忘了，真正的满足不是在"以后"，而是在"此时此刻"，那些想追求的美好事物，不必费心等到以后，现在便可拥有。

来世不可待，往事不可追。生活是一辆疾驰而过的列车，我们没有必要因为回味已经逝去的高山，而错过了眼前的流水，也没有必要为了憧憬的美景而忽略眼前的蓝天。要知道，世间最珍贵的东西并不是"已失去"的过去和"得不到"的未来，而是你现在所拥有的一切。

英雄有着引箭穿石的勇气，美人有着倾国倾城的容颜，智者有着高瞻远瞩的远识……在人生这个舞台上，每个人都有着各自的脚本，各自的命运。而你在人生的舞台上，站在耀眼的聚光灯下，最终要扮演好自己的角色。人生是一场正在上演的舞台剧，它不允许你重新来过。因此，我们要做的就是演好当下，活在当下，并时刻怀有一颗感恩的心，感恩生活，享受当下。